科學少年學習誌

編著 / 科學少年編輯部

科學閱讀素養
地科篇 6

《科學閱讀素養地科篇：地球在變冷？還是在變熱？》
新編增訂版

遠流

科學閱讀素養 地科篇6 目錄

4 如何閱讀本書？

6 辦案辦進地球裡
撰文／周漢強

16 地球在變冷？還是在變熱？
撰文／周漢強

28 氣候變遷與人類歷史
撰文／周漢強

40 看見斷層──車籠埔斷層保存園區
撰文／郭雅欣

52 太陽系裡的小傢伙──小行星
撰文／邱淑慧

62 誰讓火山生氣了！？
撰文／周漢強

課程連結表

文章主題	文章特色	搭配108課綱（第四學習階段 — 國中）	
		學習主題	**學習內容**
辦案辦進地球裡	探索地球歷史的過程，需要一步步收集證據，透過化石、地層、冰層、隕石等關鍵證據，得以愈加接近真實的地球歷史。	地球的歷史（H）：地層與化石（Hb）	Hb-IV-1研究岩層岩性與化石，可幫助了解地球的歷史。 Hb-IV-2解讀地層、地質事件，可幫助了解當地的地層發展先後順序。
		變動的地球（I）：地表與地殼的變動（Ia）	Ia-IV-1外營力及內營力的作用會改變地貌。
		物質的結構與功能（C）：物質的結構與功能（Cb）	Cb-IV-1 分子與原子。 Cb-IV-2 元素會因原子排列方式不同而有不同的特性。 Cb-IV-3 分子式相同會因原子排列方式不同而形成不同的物質。
地球在變冷？還是在變熱？	全球暖化議題沸沸揚揚，但偶爾還是會有極冷的天氣。本文透過各種時間尺度及相關的數據線索，一窺地球地質史上的溫度，究竟是朝哪個方向進展。	科學與生活（INf）*	INg-III-3 生物多樣性對人類的重要性，而氣候變遷將對生物生存造成影響。
		地球的歷史（H）：地層與化石（Hb）	Hb-IV-1 研究岩層岩性與化石，可幫助了解地球的歷史。
		資源與永續發展（N）：氣候變遷之影響與調適（Nb）	Nb-IV-2氣候變遷產生的衝擊有海平面上升、全球暖化、異常降水等現象。
氣候變遷與人類歷史	介紹較近期的氣候紀錄，並從人類的歷史尺度來看氣候變遷，發現許多重大的歷史事件，竟與地球氣候的變化息息相關。	科學與生活（INf）*	INg-III-3 生物多樣性對人類的重要性，而氣候變遷將對生物生存造成影響。 INg-III-7 人類行為的改變可以減緩氣候變遷所造成的衝擊與影響。
		資源與永續發展（N）：氣候變遷之影響與調適（Nb）	Nb-IV-2氣候變遷產生的衝擊有海平面上升、全球暖化、異常降水等現象。
看見斷層——車籠埔斷層保存園區	帶領讀者從自然科學和歷史紀錄探訪車籠埔斷層保存園區，從園區各處可了解到地質學知識，以及地質研究學者的日常。	地球的歷史（H）：地層與化石（Hb）	Hb-IV-1研究岩層岩性與化石，可幫助了解地球的歷史。 Hb-IV-2解讀地層、地質事件，可幫助了解當地的地層發展先後順序。
		變動的地球（I）：地表與地殼的變動（Ia）	Ia-IV-1外營力及內營力的作用會改變地貌。 Ia-IV-2岩石圈可分為數個板塊。 Ia-IV-3板塊之間會相互分離或聚合，產生地震、火山和造山運動。
太陽系裡的小傢伙——小行星	介紹太陽系中許多形狀各異、大小不同的小行星家族，以及相關的天文觀測研究與探勘計畫等。	物質系統（E）：力與運動（Eb）；宇宙與天體（Ed）	Eb-IV-1 力能引發物體的移動或轉動。 Ed-IV-1星系是組成宇宙的基本單位。 Ed-IV-2 我們所在的星系，稱為銀河系，主要是由恆星所組成；太陽是銀河系的成員之一。
		地球環境（F）：地球與太空（Fb）	Fb-IV-1 太陽系由太陽和行星組成，行星均繞太陽公轉。 Fb-IV-2 類地行星的環境差異極大。
誰讓火山生氣了！？	介紹韋格納的大陸漂移學說和海斯的海底擴張學說，進而述及這些學說的機制——地底構造與熱對流，並簡介火山噴發的類型與位於臺灣的火山群。	變動的地球（I）：地表與地殼的變動（Ia）	Ia-IV-2岩石圈可分為數個板塊。 Ia-IV-3板塊之間會相互分離或聚合，產生地震、火山和造山運動。 Ia-IV-4全球地震、火山分布在特定的地帶，且兩者相當吻合。

*為國小課綱

如何閱讀本書?

每一本《科學少年學習誌》的內容都含括兩大部分,一是選自《科學少年》雜誌的篇章,專為 9～14 歲讀者寫作,也很合適一般大眾閱讀,是自主學習的優良入門書;二是邀請第一線自然科教師設計的「學習單」,讓篇章內容與課程學習連結,並附上符合 108 課綱出題精神的測驗,引導學生進行思考,也方便教師授課使用。

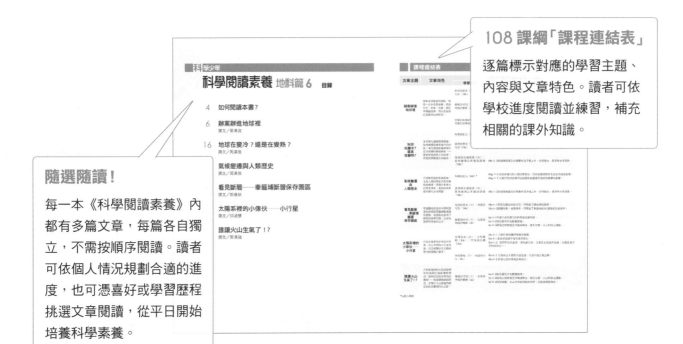

108 課綱「課程連結表」
逐篇標示對應的學習主題、內容與文章特色。讀者可依學校進度閱讀並練習,補充相關的課外知識。

隨選隨讀!
每一本《科學閱讀素養》內都有多篇文章,每篇各自獨立,不需按順序閱讀。讀者可依個人情況規劃合適的進度,也可憑喜好或學習歷程挑選文章閱讀,從平日開始培養科學素養。

科學少年
科學閱讀素養 地科篇 6 目錄

4 如何閱讀本書?

6 辦案辦進地球裡
廣文/周漢強

16 地球在變冷?還是在變熱?
廣文/馬漢強

氣候變遷與人類歷史
廣文/周漢強

看見斷層──車籠埔斷層保存園區
廣文/郭雅欣

太陽系裡的小傢伙──小行星
廣文/邱淑慧

誰讓火山生氣了!?
廣文/周漢強

主文為先
每一篇文章視主題大小寫作,或長或短。文章多由讀者有感的經驗或角度切入,並搭配大幅照片或圖片,讓讀者更容易進入。

獨立文字塊

提供更深入的內容，形式不一，可進一步探索主題。

説明圖

較難或複雜的內容，會佐以插圖做進一步說明。

學習評量

每篇文章最後附上專屬學習單，作為閱讀理解的評估，並延伸讀者的思考與學習。

挑戰閱讀王

符合 108 課綱出題精神的題組練習測驗。

主題導覽

以短文重述文章內容精華，協助抓取學習重點。

關鍵字短文

讀懂文章後，從中挑選重要名詞並以短文串連，練習尋找重點與自主表達的能力。

延伸知識與延伸思考

文章內容的延伸與補充，開放式題目提供讀者進行相關概念及議題的思考與研究。

繪圖：張國瑞

辦案辦進**地球**裡

地球的歷史就像一件難解的案子，充滿各種謎團。
各位偵探準備好接受挑戰了嗎？

撰文／周漢強

地球的歷史大約有 46 億年那麼久，在這段時間裡，地球發生過許多驚天動地的大改變，也出現過許多長相奇特的怪異生物。然而這些讓大家匪夷所思的「故事」，究竟是被誰記錄下來，又是怎麼記錄的呢？就讓我們來看看要去哪裡尋找線索，找到有關地球歷史事件的蛛絲馬跡！

就好比電視節目中常出現的經典台詞，「李組長眉頭一皺，直覺案情並不單純。」明察秋毫的刑警，通常會在凶殺案現場尋找凶手留下的線索，而經驗老道的法醫，則會從死者身上特徵來判斷死亡的時間和原因，接著故事像尋寶遊戲一樣的展開，愈來愈多的證據被發現之後，正義使者就會還原案件的完整發生經過，將壞人繩之以法。

雖然不清楚現實社會中的刑事案件有沒有像電視演的那麼精采，但探索地球歷史的過程，絕對像偵探辦案一樣曲折離奇，而且最特別的是，幾乎沒人說得出每個地球歷史重大事件的「完整發生經過」。

辦案的第一步：
上山下海，收集證據

探索地球歷史的過程，確實就像偵探在辦案一樣。首先，我們會在大自然裡尋找各式各樣的「證據」。

☑ **證據一：化石。**化石是過去生物留下的遺骸或痕跡，如果很幸運的被埋藏在地層裡面沒有受到破壞，經過很長的時間後，大自然裡的礦物成分會取代原本生物體的成分，最後形成化石。我們可以藉由化石來了解地球古老生物的長相跟特徵，或者更進一步與現代生物的特徵做比較，藉此推測古老的生物可能有什麼習性，以及當時的地球可能是炎熱還是寒冷、是乾燥或是潮濕。

比如說，發現有的恐龍身上長羽毛，可以推測這些恐龍可能會在空中飛翔。或如果在地層裡發現珊瑚的化石，由於現在的珊瑚都是生活在溫暖的淺海地區，因此可推論那個有珊瑚化石的地層，可能是在溫暖的淺海環境下所形成。

由於生物形成化石的過程中，原本構成生物的成分——像是蛋白質或鈣質，都已經被大自然的礦物所取代，所以無法用警察辦案時常用的「DNA鑑定」來調查這些生物和現代生物的血緣關係——當然，像興建侏儸紀公園那樣的電影情節，也是難以實現的夢想。不過近幾年來有愈來愈多的出土化石，在罕見的幸運條件下被保存下來。例如西伯利亞的凍土層裡，挖掘出帶有毛髮和肌肉的整隻長毛象，甚至還有科學家宣稱，找到的恐龍化石裡保存了血球細胞，這些都是相當罕見的「化石」。

☑ **證據二：地層。** 地球上有70%的面積覆蓋著海洋，還有陸地上的河川跟湖泊，這些有水的地方日復一日、年復一年的進行著沉積作用，把地球每個時期的紀錄整整齊齊的疊在一起。經年累月形成的地層裡不只保存了許多生物化石，還保留了火山爆發時留下的岩漿和火山灰；板塊運動的碰撞擠壓，導致地層形狀扭曲變形，氣候變化導致海平面升降，使地層裡的沉積物顆粒改變。這些全都是地層裡一一記錄下來的地球大事。

地層紀錄具有一項很棒的特色，就是會照時間的先後順序排列。想像一下在大海底下，沉積物每天每天不停的堆疊，使最老的紀錄愈埋愈深，新的紀錄則不停往上堆。如果哪一天因為板塊的碰撞，使得這些紀錄被擠上陸地，我們就可以根據每個地層裡各自不同的化石，把世界上每個地區與年代的紀錄串連起來，「地球案情」的細節就可一一拼湊出來，得出地球的歷史。

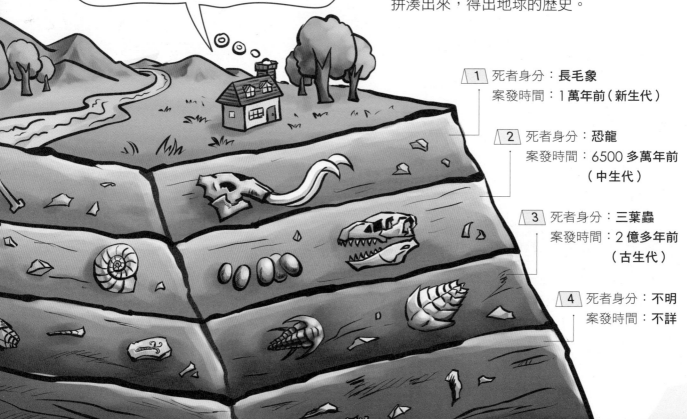

在各個不同的地層裡，埋藏著許多「受害者」的化石。為了得到一點蛛絲馬跡，我們不僅要上山下海尋找證據，還得跨海比對這些化石的特徵，才能得到更多的「案情」細節，還原一件件的地球歷史事件。

1 死者身分：**長毛象**
案發時間：**1萬年前（新生代）**

2 死者身分：**恐龍**
案發時間：**6500多萬年前（中生代）**

3 死者身分：**三葉蟲**
案發時間：**2億多年前（古生代）**

4 死者身分：**不明**
案發時間：**不詳**

雪花是水的結晶，水分子的組成之一氧原子具有兩種同位素：氧16、氧18，根據它們的比例，可得知「案發」時的冰河體積。

雪花間及冰層裡的空氣保存了大氣組成的紀錄。

冰層能保存許多線索，讓科學家探究地球過去的大氣組成狀態。

☑ **證據三：冰層。** 這幾年常常可見全球暖化的新聞，連帶「冰層」紀錄也變得相當火紅。因為冰層裡面記錄了一項非常獨特的數據，那就是大氣組成成分的變化，包括眾所矚目的二氧化碳含量。

下雪時，雪花之間會夾雜著空氣，當雪花落到地面結成冰，空氣會被包在冰裡形成氣泡。如果有個地方一年到頭只會下雪而不融冰，那裡的冰層就能記錄到地球大氣組成成分持續的變化，南極和格陵蘭地區就是這樣的地方。

除此之外，「冰」本身也是很棒的氣候紀錄器，因為組成冰的水分子含有氫原子和氧原子，其中氧原子的同位素比例（氧16比氧18）和全球冰河體積的多寡有關，如果氧18的比例比平時高，代表當時全世界有大量冰河形成，可藉此間接推算出過去地球的溫度。但是冰層的紀錄沒辦法像地層一樣保存得那麼久，除了氣候變暖會導致冰層融化之外，當冰層愈堆愈厚，下層的冰承受的壓力過大，會使冰層融化，所有的紀錄也就消失了。

☑ **證據四：隕石。** 除了地球自己留下的證據，天上掉下的禮物——隕石，也是相當受重視的地質證據。在地球形成初期，劇烈撞擊曾經使得地球整個熔化成岩漿，很多密度大的元素跟著沉入地球內部，難以得知。

幸好，太空中還有許多和地球幾乎同時期形成的小碎片，它們掉落地球，形成隕石，讓科學家可用來推斷地球內部的可能成分，還可以和來自地底的岩漿比對，藉此推測地球的演化。因此，許多太陽系的太空探測任務，或多或少都能提供有關地球形成初期的一些線索。

繪圖：張國瑞

辦案的第二步：
分析證據，發掘真相

　　有了證據，「真相」會自動水落石出嗎？當然不會！我們還需要許多分析證據的工具和方法，才能夠得到更多有用的資訊。

　　科學家不停鑽研新的研究方法，就像刑警會精進科學辦案的技術一樣，才能從有限的證據裡挖掘出更多蛛絲馬跡。像是上述的氧同位素分析方法，也使用在生物化石上，因為有些生物的骨骼以碳酸鈣的形式被保留下來，而碳酸鈣裡面也有氧原子。此外，研究地層中的岩石不只是看外形和特徵，還能透過分析其中的化學成分，來推斷地球組成物質的種類和演變。

　　除了證據跟判讀證據的方法，我們還需要知道事情發生的時間和先後順序！

　　在偵探小說裡，被害人死亡的真正時間常是破案的重要關鍵。探索地球的歷史也是，事件發生的先後順序、甚至是確切時間，都是我們非常想知道的重要訊息。雖然先後順序可以利用前面提到的地層累積排出順序，建立「地質年代表」，但這還不夠。想知道事情發生的確切時間，有什麼好方法呢？

　　人類的歷史並不長，所以，要知道地球重要歷史事件的發生時間，單靠人類的記載恐怕是緣木求魚。在演化論（也就是猩猩會變成人的理論）為眾人接受之前，神創造萬物是較被大家接受的講法。17 世紀時，愛爾蘭的大主教鄂雪爾（James Ussher）就曾經根據《舊約聖經》和歷史考證，推算出地球形成於西元前 4004 年 10 月 23 日的黃昏，這可是當時最具權威的推算結果，很多人都深信不疑。

　　關於時間的推算，一直到 19 世紀才有新的突破，當時克耳文爵士（Lord Kelvin）根據地表附近溫度隨深度的變化，假設地球是從熔融狀態冷卻到現今的溫度，於是利用散熱速度推算出地球年齡大約是 2000 萬〜4 億年。現今所知地球的實際年齡將近 46 億年，凱文爵士算出的數字會這麼小，主要

圖片來源：石尚企業股份有限公司

是因為當時的科學家並不知道地球內部有很多放射性同位素在加熱，所以地球實際冷卻的時間，遠大於克耳文爵士的估計。

到了 19 世紀末，放射性同位素的性質正式為人所知。所謂的放射性同位素，是指一些化學元素會在自然的狀況下，衰變成另外一種元素。例如鈾 238 會衰變為鉛 206，大約每 44.7 億年有一半的鈾 238 會發生衰變，這個有 50％ 機率發生衰變的時間長度稱為「半衰期」。半衰期這個特性，從 20 世紀初開始用來測量岩石的年齡，從此成為判斷地球歷史時間最重要的工具。

也可能過了「追訴期」……

科技再進步，還是有警察破不了的懸案，地球的歷史事件也是，當然有查不出原因的時候。這是因為技術雖然會進步，但很多證據在 46 億年這麼漫長的時間中，慢慢被抹去了。像是風化跟侵蝕作用，會把保存有生物化石和地球歷史紀錄的岩層消磨成細小顆粒，讓所有證據消失不見。幸好地球夠大，總是有一些寶貴的證據被留存在地球的某個角落。例如五億多年前，寒武紀最早開始出現大量多采多姿的生命形態時，全世界僅有加拿大跟中國的兩個地層，保存了這個時代的化石。而全世界最古老的岩石（超過 40 億年），則幾乎都保存在澳洲和加拿大東北地區。這跟大貓熊只活在中國四川，無尾熊和袋鼠只活在澳洲的狀態頗為相似。

研究地球歷史和研究人類歷史，就像是當刑警辦案，都是很具挑戰的工作。我們有日新月異的科技做後盾，面對的卻是非常殘破不堪的證據。一旦有新技術或新證據發現，我們就有機會再解開一個謎團，了解更多地球的歷史。相信在有生之年，絕對不會缺少有趣的新發現！　　科

作 者 簡 介

周漢強　臺中市清水高中地球科學老師，人稱「強哥」，經營部落格「新石頭城」。從高中開始熱愛地球科學，除了地科之外，他也熱愛加菲貓。

辦案辦進地球裡

國中地科教師　姜紹平

主題導覽

　　要如何解析地球的歷史就像是在偵辦一個案件，需要許多有力的證據去支持不同的假設與推論。為此，科學家們從地球各個角落，收集各種不同的有力證據，包括自古老時期被保存下來的化石、隕石等，以及去鑽探冰層與地層，藉此了解地球自形成至今所經歷過的不同時期與發展。

　　〈辦案辦進地球裡〉介紹了如何從地層與冰層中的組成物質及元素，去推斷在每個不同時期中，地表的狀態、氣候及存在生物有何不同；利用先進的放射性元素定年法，則可精準的分析出各個岩層、化石所存在的確切時間點，讓地球的歷史更加清晰與完整。閱讀完文章後，可以利用「挑戰閱讀王」了解自己對文章的理解程度；透過「延伸知識」與「延伸思考」中的內容，可以幫助你更深入了解用來解析地球歷史的先進技術與其他新的物證。

關鍵字短文

　　〈辦案辦進地球裡〉文章中提到許多重要的字詞，試著列出幾個你認為最重要的關鍵字，並以一小段文字，將這些關鍵字全部串連起來。例如：

關鍵字：1. 化石　2. 冰層　3. 地層　4. 同位素　5. 衰變

短文：科學家向地球內部鑽探取得冰芯，分析其中的組成物質，藉此理解地球自形成發展至今，地表經歷過什麼樣的氣候與環境狀態。不同的地層中存在著不同的化石，可用來證明不同時期有不同的生物存在；冰層中的氣體同位素比例，能夠推測出地球整體的氣候變遷史。而地層與冰層中的同位素比例，以及放射性同位素的衰變，也是推斷地球實際年齡的重要證據。

關鍵字：1.＿＿＿＿＿　2.＿＿＿＿＿　3.＿＿＿＿＿　4.＿＿＿＿＿　5.＿＿＿＿＿

短文：＿＿＿＿＿＿＿＿＿＿＿＿＿＿＿＿＿＿＿＿＿＿＿＿＿＿＿＿＿＿＿＿＿＿＿＿

＿＿

＿＿

挑戰閱讀王

閱讀完〈辦案辦進地球裡〉後，請你一起來挑戰以下題組。

答對就能得到👍，奪得 10 個以上，閱讀王就是你！加油！

☆透過許多方式都可以幫助人類了解地球的歷史。請回答關於地球歷史的相關問題：

（　）1.下列敘述的哪一個地質證據，與判斷地球的歷史較無相關？（答對可得到 1 個👍哦！）

①岩層中的化石　②不同岩層沉積的物質

③冰層裡的氣體　④風化後的砂石

（　）2.透過生物的化石，可以推斷出當這些生物存活時有關地球的哪些資訊呢？

（多選題，答對可得到 2 個👍哦！）

①氣候　②環境　③溫度

（　）3.為什麼透過研究地層，可相對簡易的推斷出不同地層所代表的年代先後順序？（答對可得到 1 個👍哦！）

①因為每個年代的地層都有一樣的厚度

②因為較新的地層通常都會在較老的地層之上

③因為所有的地層裡都有化石

☆同位素的判定是了解地球歷史很重要的方式。請你試著回答下列相關問題：

（　）4.請問什麼是同位素？（答對可得到 1 個👍哦！）

①性質相同的兩個原子

②質子數不同，中子數相同的兩個原子

③質子數相同，中子數不同的兩個原子

（　）5.冰層中哪一種元素的同位素，是推斷氣候變遷的重要證據？（答對可得到 1 個👍哦！）

①氮的同位素　②氧的同位素　③碳的同位素

（　）6.為什麼透過同位素的半衰期，可以精準判斷物質的年齡？（答對可得到 2 個👍哦！）

①因為物質的質量剩下原本的一半，需要一定的時間

②因為同位素衰變成穩定的元素，需要一定的時間

③因為物質中元素與其同位素的比例變成一半一半，需要一定的時間

☆科學家利用不同的分析方法推斷地球的歷史，請試著回答下面的問題：

（　　）7.除了分析動物化石中的元素，透過觀察動物的化石，也可以推斷出下列哪

　　　　一項敘述？（多選題，答對可得到 2 個 👍 哦！）

　　　　①化石所存在的地層曾經是陸地或海洋

　　　　②動物所存活的年代是炎熱或寒冷

　　　　③動物演化的證據

（　　）8.雖然科學家已經找到許多有關地球歷史的證據，為何仍無法準確描述地球

　　　　所有不同年代的確切時間呢？（多選題，答對可得到 2 個 👍 哦！）

　　　　①風化與侵蝕作用導致許多證據都已消失

　　　　②全球暖化造成冰層融化，證據也隨著消失

　　　　③以目前的技術仍無法鑽探到地殼深處

延伸知識

1.**放射性碳定年法**：1940 年美國芝加哥大學的利比（Willard Frank Libby）教授，
發現可利用碳的放射性同位素「碳 14」來判斷化石的確切年紀。由於大氣中存在
著許多含有碳 14 的二氧化碳，再經由植物的光合作用，使得碳 14 進入生物圈中，
所有的生物一生都不斷與自然交換著碳 14 直到死亡，因此可藉由判斷樣本中碳
14 的含量，推斷出生物死亡的時間。

2.**化石的種類**：除了一般常見的實體化石（如動物骨骼），還有許多不同種類的化石，
都可用來確認地質的年齡及當時的環境。這些化石包括「模化石」——生物化石
因不同原因，本體有時被溶解而消失，但形狀可能保留下來；「生痕化石」——
生物的排泄物或活動留下的痕跡所形成的化石；「原貌化石」——整個生物體原
貌都保存下來，如琥珀中的昆蟲，或西伯利亞冰層中發現的長毛象。

3.**長毛象的復活**：長毛象已在四千多年前滅絕，2012 年在俄羅斯西伯利亞東部發現

保存完好的猛獁象屍體，為長毛象透過生物複製技術復活提供了希望。一些由俄羅斯科學家領導的國際小組，發現了長毛象完好無損的細胞，包括毛髮、骨髓在內，也許將來有一天，透過發達的科技，我們可以看到活生生的長毛象再次出現在地球上。

延伸思考

1. 文中提到，冰層可保存古老的氣體，而科學家透過這些氣體可分析出地球在不同時期的大氣組成。不過，冰層中同時保存了許多來自古時候的甲烷，這些溫室氣體在全球暖化加劇之下漸漸融化釋出。查查看，冰層中還保存了哪些不同的物質，這些物質對現今地球氣候有任何影響嗎？

2. 雖然地層中許多化石所代表的生物在現今已經滅絕，但其實在地球各個角落，仍有一些古老的物種已在地球繁衍、生存超過兩億年的時間，而且今日的樣貌與數億年前幾無差別，這些生物被稱為「活化石」。查查看，現今世界的活化石有哪些代表生物，牠們可以為了解地球的歷史提供什麼樣有力的證據？

3. 大約 650 萬年前，因為不同的地質作用，美麗的臺灣島在太平洋的西邊誕生了。查查看，臺灣不同地區的地質組成有什麼不同，根據這些不同的地層，可分析出臺灣島是如何形成的嗎？

地球在變冷？還是在變熱？

和現在相比，以前的地球到底是冷還是熱呢？
跟著地球偵探，探索地球歷史上的氣候變遷。

撰文／周漢強

最近的天氣變得好熱喔！難道這就是所謂的「全球暖化」嗎？那為什麼有時冬天又冷得要命，有些地方還發生了罕見的暴風雪？地球到底在變冷還是變熱？光憑感覺是不準的，得用證據說話才行。就讓我們跟著地球偵探的腳步，調查一下地球氣候的變化史吧！

如果想知道地球在 100 年前的氣候變化，有很多科學的觀察跟紀錄可以分析；如果想知道的是 1000 年前的氣候變化，可以從古人留下的歷史紀錄去推敲；如果時間更早，想知道地球在 10 萬年前的氣候變化，或許還能夠從人類生活的痕跡裡去探索；但如果想知道的是地球在 100 萬年前或更早的氣候變化，就只能依靠地球留下的紀錄和證據來推斷了。

本書的〈辦案辦進地球裡〉已經介紹過幾種研究地球歷史的方法，像是地層、化石、還有冰層的紀錄等等；而研究地球「氣候」的歷史，一樣可以透過這些方法來得知地球以前是冷或熱，以及何時為冰河時期。

地層沉積紀錄

地層的紀錄主要來自於沉積作用，包括陸地上的河流與湖泊堆積，以及海洋的沉積物堆積。如果湖泊周圍是溫暖又潮濕的氣候，附近的植物可能會長得很茂盛，使小花、小草，或樹枝、樹葉、樹幹，很容易掉到湖泊裡面，經細菌分解腐爛後，形成腐植質並埋進地層。相對的，如果當時的氣候寒冷又乾燥，湖泊沉積地層裡的腐植質就會很少。

因此，我們可以利用湖泊沉積地層中的腐植質含量，推測這個地區過去的氣候狀況。但是陸地的河流或湖泊有一個很大的問題：

如果注入湖泊的河流改道，或氣候乾燥到沒有水了，陸地的沉積地層紀錄就會中斷，也就無法得知當時的氣候狀況。

海洋裡所形成的沉積地層，就沒這個問題了。因為地球上的海洋不會乾涸，所以能夠持續記錄而不中斷。海洋的沉積物大多來自陸地上沖刷下來的岩石碎屑，以及海洋中的生物遺骸，這裡面隱含著很重要的氣候紀錄。例如北大西洋地區的深海沉積地層裡，原本應該都是非常細顆粒的岩石碎屑堆積，但是在冰河遍布的時期，北大西洋周圍的冰河會從陸地漂到海洋，這些浮冰慢慢融化，夾帶在其中、來自陸地的大顆粒岩石碎屑跟著掉落，於是堆積到北大西洋的沉積地層裡。

所以科學家在分析北大西洋的深海沉積物時，只要看見這些不合理的大顆粒岩石碎屑出現，就可以知道這是個冰河遍布的時期。不過深海沉積地層有個大缺點，就是堆積的速度太慢，大約每 1000 年才能累積 1～5 公分，因此透過海洋沉積並無法得到夠精細（如每一年）的氣候變化紀錄。

化石裡的祕密

地球上有很多生物對氣候變化相當敏感，這些生物的化石是非常好的氣候變化證據。像是在陸地上的湖泊沉積物裡面，花粉化石就是最棒的氣候記錄工具。花粉居然不會一下子就爛掉，竟然還可以變成化

石？你可能很意外，但其實花粉可是非常非常結實的，它具有十分堅硬的外殼，很容易變成化石保存下來。而且，不同植物的花粉形狀相當不一樣，如果地層裡面出現很多針葉林植物的花粉化石，代表這個地區此時的氣候比較寒冷；如果出現比較多闊葉林的花粉化石，就表示氣候很溫暖。所以花粉化石其實非常實用！

海洋裡最重要的生物化石，則是浮游生物，例如有孔蟲和鈣板藻的化石。可別因為有孔蟲名字裡的「蟲」字就覺得噁心，它們其實很可愛。例如常聽見的「星砂」，正是一些殼體形狀很像小星星的有孔蟲。

有孔蟲遍布在世界各個大洋，水溫不同，生活其中的有孔蟲種類也不同；此外，有孔蟲殼體成分為碳酸鈣，可以用來測量氧同位素含量的比例，再換算出全球冰河體積的大小。鈣板藻則有「古溫度計」之稱，科學家利用它分泌物中的有機物質，來推算海水溫度的高低。這些都是研究氣候歷史不可或缺的重要證據，也是地球偵探非常得力的助手！

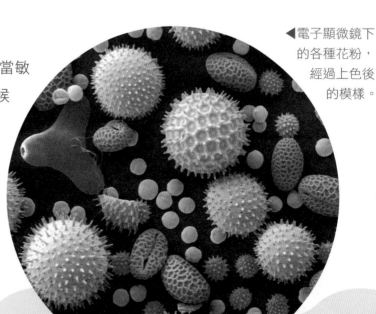

◀電子顯微鏡下的各種花粉，經過上色後的模樣。

冰層有玄機

　　要說現今最熱門的氣候記錄工具，非冰層莫屬。除了在冰裡面有氫和氧的同位素，可以用來推算當時的氣溫之外，冰層的氣泡中還包裹著當時的大氣成分，這可是其他工具記錄不到的。加上採集冰層紀錄的地點位在格陵蘭和南極，這些地方終年的溫度都在零度以下，所以冰雪的紀錄會一直累積而不會中斷。和深海沉積物相較，冰層紀錄還有一個最大的優點，就是每年下雪的厚度遠大於深海沉積物的厚度，所以可以得到非常精確的氣候紀錄，像是每一年的變化。

　　只不過冰層的紀錄也不是沒有缺點，如果冰雪愈堆愈厚，下方冰層受到的壓力太大，就會慢慢融化，紀錄會變得很難分析判斷，甚至消失不見。所以目前冰層裡所記錄的氣候資料，大約只能回推到 80 萬年前左右。除此之外，冰層紀錄的採集地點都在地球非常高緯度的地區，反應的可能只是高緯度的氣候，而不像海洋和湖泊分布在世界各地。但話說回來，要進行科學辦案，當然不能只靠一招半式闖天下！

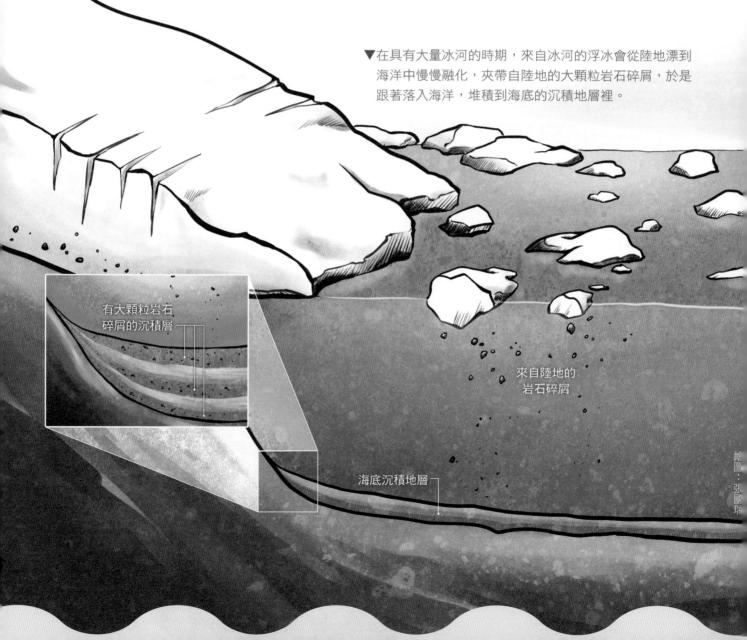

▼在具有大量冰河的時期，來自冰河的浮冰會從陸地漂到海洋中慢慢融化，夾帶自陸地的大顆粒岩石碎屑，於是跟著落入海洋，堆積到海底的沉積地層裡。

有大顆粒岩石碎屑的沉積層

來自陸地的岩石碎屑

海底沉積地層

繪圖：張庭瑜

冰河期來來去去

以上就是地球偵探目前可掌握的證據，準備要用來推論地球過去的氣候變化。因為冰層的紀錄目前只能重建到 80 萬年前左右，沒辦法達到原先預計要看 100 萬年紀錄的目標。不過為了一次可以比較所有的證據，還是先來看看 80 萬年的紀錄。

下一頁的「80 萬年來的地球氣候史」，整理了海洋沉積地層中的有孔蟲和鈣板藻化石分析結果，以及冰層的紀錄，分析出過去 80 萬年來地球的氣候變化趨勢。其中有孔蟲化石的氧同位素含量變化，可反映出當時地球表面的冰河體積，冰河多的時期稱為冰河期，少的時期稱為間冰期。

地球位於冰河期時，從海洋蒸發到大氣的水，可能會飄到高緯度地區下雪形成冰河，因為這些水沒有回到海洋，所以使得海平面降低。像是距今最近的一次冰河期裡，海平面就比今天要低 120 公尺。這時候，平均深度不到 100 公尺的臺灣海峽可就整個都露出來，變成陸地了！

再根據鈣板藻化石中的有機物，可分析出熱帶海水的溫度變化，根據冰層中的氫氧同位素，則可分析出極區的溫度變化，其中可看出來，冰河期的極區溫度大約比今天低 8℃，但熱帶海洋的水溫只下降了 2～3℃。換句話說，即使是在冰河期，位處熱帶的臺灣其實沒有變得很冷。

至於冰層中所保存的地球大氣成分，二氧化碳的含量變化和氣溫變化趨勢相當一致，

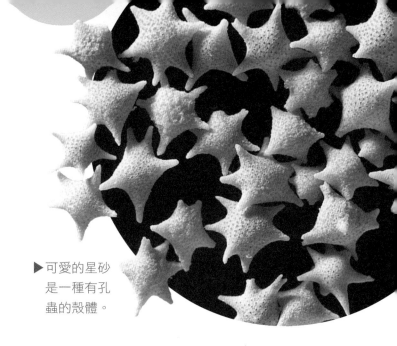

▶ 可愛的星砂是一種有孔蟲的殼體。

也就是二氧化碳含量高時氣溫也高，二氧化碳含量低時氣溫也低，但這不代表地球過去的氣溫變高，是因為二氧化碳引起的溫室效應。其實這段時間二氧化碳的含量變化，並非地球氣候改變的主因，反而是因為地球溫度升高，使海水儲存二氧化碳的能力降低，導致原本儲存在海水中的二氧化碳釋放到大氣中，才使得二氧化碳的含量升高。

但如果地球氣候的變化不是因為二氧化碳和溫室效應的強度改變，又是什麼原因呢？科學家發現，最近這 100 萬年左右的氣候變化，可能是地球自轉和公轉軌道改變所導致。當地球繞太陽公轉軌道的形狀、地球自轉軸的傾斜和方向有些微變化時，會影響太陽傳送到地球的能量，及地球吸收的能量多寡，於是造成冰河體積及氣溫的變化。

綜合以上結果，可以發現在過去幾十萬年間，冰河期和間冰期每隔幾萬年就會交替出現。每當冰河期出現，海平面會降低，極地和熱帶的海水表面溫度也會下降，代表整個地球進入了比較寒冷的時期。相反的，間冰期的地球氣候看起來稍微溫暖一些。

圖片來源：Martin Langer/Uni Bonn

距今最近的一次冰河期，發生在大約 2 萬年前，當時北美洲大陸的加拿大幾乎全部被覆蓋在冰河之下，北歐的斯堪地那維亞半島和波羅的海地區，以及冰島和格陵蘭，也都被厚厚的冰河所占領。卡通《冰原歷險記》的故事背景就設定在這個時期的地球，在當時，長毛象和劍齒虎正是地球上相當具代表性的生物。

然而這次冰河時期結束之後，地球並不是一路持續變熱到今天。根據氣候變化紀錄圖，可以看出不論是溫度或冰河體積，都還是有高高低低的小幅度變化。像是大約 1 萬 8000 年前，當最後一次冰河時期結束後，地球氣候開始慢慢回暖，卻又突然在 1

圖片來源：Alison R. Taylor（鈣板藻）、Wikimedia commons（冰芯）、Hannes Grobe/AWI（有孔蟲）

80 萬年來的地球氣候史

科學家從冰芯分析出過去的大氣二氧化碳含量以及極區的溫度，從鈣板藻化石的有機物分析出過去熱帶海水的溫度，從有孔蟲化石中的氧 18 同位素含量換算出全球冰河的體積多寡。根據這些證據，科學家把過去 80 萬年來的地球氣候相關數據，畫成了曲線圖。比對一下每一條曲線，會發現冰河期（各曲線的低點）時，海洋的海平面比較低，極地和熱帶的海水表面溫度比較低，大氣中的二氧化碳含量也比較低。

另外，從每一條曲線的高低起伏，可以觀察到冰河期與間冰期（各曲線的高點）每隔幾萬年就會交替出現，目前的地球則是處於間冰期。

冰芯

鈣板藻

有孔蟲

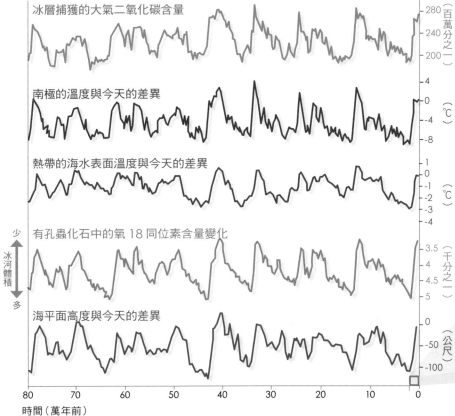

萬 3000 年前出現一次類似小小冰河時期的氣候——稱為「新仙女木事件」，並且持續大約 1000 年左右。在這之後，地球氣候才變得和今天類似，可以說正式進入間冰期，只不過還是持續有小幅度變熱或變冷的現象交替出現。

氣候的時間尺度

其實地球氣候變化有很多大大小小不同的時間尺度，把圖片中離今天最近的冰河期氣候紀錄放大來看，就會發現在 2 萬年前至今的這段時期裡，其實有一些持續時間較短的氣候變化，只是在比較長的時間尺度下，這些小規模的氣候變化不容易顯示出來，會被更大的氣候變化趨勢所掩蓋。如果仔細研究更小一點時間尺度的氣候變化，還會發現

人類歷史文明的演變，有很多其實都是受到氣候變遷影響才發生的。

但換個角度來看，如果把 80 萬年以來的地球氣候歷史紀錄，放到整個地球 46 億年的歷史來看，不也只是一個小點而已？沒錯，如果把眼光放到整個地球歷史的尺度來看氣候變化，那又是截然不同的一回事了。就整個地球 46 億年的歷史來說，影響氣候變化的主要原因，當然不再是剛剛所提的幾個天文週期，還要再考慮太陽的強度變化、板塊運動，還有大氣成分的巨大改變等等，這些都對地球氣候有著更明顯的影響。

我們應該往更古老的地球出發，探查更大規模的氣候變化？還是應該走進人類歷史，來看細微、但和我們更加息息相關的歷史氣候事件？這真是一個困難的抉擇！

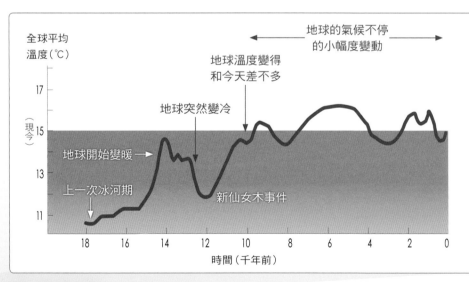

◀ 把最近 2 萬年的地球氣候紀錄放大來看，會看見一些在長時間尺度下不易看出的氣候變動。即使在 1 萬 8000 年前上一次冰河期結束後，地球也不是一路變暖，全球平均氣溫還是有些上下起伏，甚至曾在 1 萬 3000 年前出現過小小冰河時期，稱為「新仙女木事件」。

作者簡介

周漢強　臺中市清水高中地球科學老師，人稱「強哥」，經營部落格「新石頭城」。從高中開始熱愛地球科學，除了地科之外，他也熱愛加菲貓。

地球在變冷？還是在變熱？

國中地科教師　羅惠如

主題導覽

　　人類出現在地球上的時間僅占地球歷史約 0.01％，而近年來極端氣候的影響，導致全球各地均有災情，甚至有氣候難民出現。全球暖化的議題充斥各個場合，《巴黎協定》更規範各國溫室氣體的排放，以維持全球溫度不上升超過 2℃。但其實氣候變遷在地球史中已歷經多次，今日的全球暖化，究竟是人類出現所導致的結果，抑或是地球進入間冰期正常的過程呢？

　　〈地球在變冷？還是在變熱？〉以科學角度找證據，判斷地球究竟變冷或變熱，這必須透過地層、化石、冰層等測量工具，將時間尺度拉長來觀察，才能成為佐證。閱讀完文章後，你可以利用「挑戰閱讀王」了解自己對文章的理解程度，並檢測你對氣候變遷是否有充分的認識。

關鍵字短文

　　〈地球在變冷？還是在變熱？〉文章中提到許多重要的字詞，試著列出幾個你認為最重要的關鍵字，並以一小段文字，將這些關鍵字全部串連起來。例如：

關鍵字： 1. 氣候變遷　2. 地層　3. 化石　4. 冰層　5. 地球氣候變遷史

短文： 想了解近年來的人類活動是否造成氣候變遷，必須從大的時間尺度來了解地球氣候變遷史，而這些氣候資料累積在地層的沉積作用中，我們可以利用海洋沉積物顆粒大小的均勻程度來推測冰河時期的出現，也可從化石中取得氣候資料。由於花粉表壁堅固，常形成化石累積在湖泊沉積物中，透過辨識它是針葉林或闊葉林的花粉，能推測當地氣候的冷暖。現今最熱門的氣候記錄工具可說是冰層，透過冰中氫及氧的同位素可推算當時氣溫，也能自冰層氣泡分析出當時的大氣成分。利用以上科學證據推論，可獲知近 80 萬年來，在不同時間尺度下的地球氣候變遷史。

關鍵字： 1._____　2._____　3._____　4._____　5._____

短文： _____

_____

_____

挑戰閱讀王

閱讀完〈地球在變冷？還是在變熱？〉後，請你一起來挑戰以下題組。

答對就能得到👍，奪得 10 個以上，閱讀王就是你！加油！

☆地層紀錄來自沉積作用。地球地貌經由風、河流等外營力，進行風化、侵蝕、搬運、
沉積等四個作用，最終在湖泊及海洋等處，因沉積作用大於侵蝕作用，將沉積物
累積於湖底及海底。請你根據文章，試著回答下列有關地層做為氣候資料的相關
問題：

（　）1.取用氣候資料時，如果想要獲得較連續、長時間的資料，可選用何處資料？
　　　　（答對可得到 1 個👍哦！）

　　　　①河流沉積物　②湖泊沉積物　③海洋沉積物

（　）2.取用湖泊沉積物會遇到哪些限制？（多選題，答對可得到 1 個👍哦！）

　　　　①河流改道導致沒有水　②氣候乾燥而沒有水

　　　　③地層受板塊運動上下顛倒　④生物的擾動

（　）3.土壤中的腐植質可透露氣候的訊息，如果取得某處的岩芯，發現某個年代
　　　　腐植質含量很多，可推測當時湖泊旁氣候可能處於何種狀態？（答對可得
　　　　到 1 個👍哦！）

　　　　①溫暖潮濕　②寒冷乾燥

　　　　③湖泊乾枯轉變成陸地　④地表陷落、積水形成湖泊

（　）4.想一想，河流、冰川、波浪、風這些地質營力能帶得動的沉積物尺寸，並
　　　　請推論，下列哪種力量可一次將大小不同的沉積物同時帶走？（答對可得
　　　　到 1 個👍哦！）

　　　　①河流　②冰川　③波浪　④風

（　）5.承上題，在北大西洋的深海沉積地層中，發現原本是細顆粒的岩石碎屑堆
　　　　積裡面，竟出現不合理的大顆粒岩石，請推測原因為何？（答對可得到 2
　　　　個👍哦！）

　　　　①河流將上游的大石塊帶入海中

　　　　②冰河漂到海洋中間，融化後導致大顆粒岩石碎屑堆積

③波浪將海邊的大石塊搬運至海中沉積

④風使得大石塊被搬動至海中

☆湖泊中的花粉化石，可當做湖泊周遭植被變化及湖水水位高低的佐證，如果在地層中發現針葉林植物的花粉，代表這個區域此時氣候比較寒冷；出現較多闊葉林的花粉化石，表示氣候比較溫暖。地球氣候歷史中，距今約 1.3 萬年前有一個「新仙女木事件」，而仙女木是生活於寒帶地區的植物，請你試著從生物化石能當做氣候指標的觀點，回答下列相關問題：

（　　）6.生物要能成為化石，必須具備哪一些條件呢？（多選題，答對可得到 1 個👍哦！）

①有骨骼或牙齒構造　②堅硬的外殼

③良好的沉積環境　④很快被泥砂掩埋起來

（　　）7.在新仙女木事件中，發現較低海拔的地區湖泊中廣泛分布著仙女木的花粉，代表氣候呈現的狀態為何？（答對可得到 1 個👍哦！）

①地球變熱，溫暖的氣候讓各種植物蓬勃生長

②地球變冷，使生活在寒冷地區的植物也存活於低海拔地區

③地球變熱，山上的冰雪融化，使得高山上的仙女木花粉順著河流流到湖泊沉積

④地球變冷，冰川向低海拔地區移動，將寒冷植物的花粉帶下山到湖泊中

（　　）8.氣候變遷也會使山上的森林線（高山上連續森林分布的最高界線）產生變動，想一想，如果地層中樹的花粉化石增加，而草的花粉減少，你會如何推測氣候的變化？（答對可得到 2 個👍哦！）

①森林線上升，代表氣候變暖　②森林線上升，代表氣候變冷

③森林線下降，代表氣候變暖　④森林線下降，代表氣候變冷

☆冰層可說是直接量測氣候變化的工具，但仍有限制，例如：冰層受限於記錄高緯度地區的氣候、深處冰層受壓力影響融化而只能記錄約 80 萬年前至今的資料，請你試著回答下列有關將冰層當做氣候資料的相關問題：

(　　)9. 透過分析冰層的氫、氧同位素資料及氣泡內的空氣，可獲知哪些訊息？（多選題，答對可得到 1 個👍哦！）

①推算當時的溫度　②生物的物種轉換　③當時大氣的成分

(　　)10. 氧的同位素有氧 16、氧 17、氧 18，而氧 16 及氧 18 有明顯的質量差別（氧 16 較輕，氧 18 較重），因此海水在蒸發變成水蒸氣的過程中，會有較多的氧 16 來到大氣，而在冰河時期，有較多的水以冰的方式儲存，相對海水量較少。根據以上陳述，冰層中如果發現氧 16 較多，可代表氣候變冷或變暖？（答對可得到 1 個👍哦！）

①氣候變冷　②氣候變暖

☆透過文章中的內容，我們從 80 萬年來的地球氣候史能得到很多資訊，請你試著利用文章的圖表回答下列有關氣候變遷的相關問題：

(　　)11. 將一瓶汽水的瓶口套上氣球，再將汽水置於溫熱的水中，可發現氣球逐漸膨脹。以下何者正確？（答對可得到 1 個👍哦！）

①汽水溫度上升使氣體蒸發量變多，氣體進入氣球使之膨脹

②汽水溫度上升使二氧化碳溶解度變低，壓縮在汽水中的二氧化碳進入氣球使之膨脹

③汽水液體受熱體積變大，汽水湧入氣球內使之變大

(　　)12. 現今認為全球暖化是因為溫室氣體排放較多而導致，透過圖表也可觀察到，冰層捕獲的二氧化碳含量變化，和南極溫度與今天的差異有一致的趨勢，我們能直接推論是因為二氧化碳變多而使溫度上升，二氧化碳變少而使溫度下降嗎？為什麼？（答對可得到 2 個👍哦！）

①是，透過圖表兩條曲線有正向關係

②是，溫室氣體多會加強溫室效應使地球變溫暖

③否，溫度升高也會影響二氧化碳在海中的溶解度

④否，自然界二氧化碳及溫度的變化仍受其他因素影響，不能推論兩條曲線何者是因、何者是果

延伸知識

1.**代用指標**：間接測量古氣候的方法，例如本文中提到的花粉化石、地層腐植質厚度、有孔蟲、鈣板藻等，利用這些物質反推當時的氣候狀態。

2.**北大西洋冰漂事件**：研究者在大西洋海底沉積物發現冰漂沉積物的堆積，而在距今 1 萬 7 千年前的格陵蘭冰芯中發現北半球氣候冷卻。

3.**地球氣候史的研究方法**：

	直接測量	間接測量	
	冰層	地層	化石
優點	下雪厚度遠大於海洋，氣候紀錄較細。	**湖泊沉積物**：能記錄陸地上的氣候變化。 **海洋沉積物**：不會乾涸而導致氣候資料中斷紀錄，並幾乎遍及全球各地。	利用生物在不同氣候狀況的分布能得到很好的推測。
缺點	①冰層太厚時，下方冰層壓力太大而融化，無法記錄大的時間尺度變化。②只能記錄高緯度氣候變化。	**湖泊沉積物**：可能因為河流改道或無水，導致記錄中斷。 **海洋沉積物**：深海堆積速度慢，獲得的氣候資料不夠細緻。	不一定是連續的。

延伸思考

1.找一找，除了地層、花粉化石、冰層、有孔蟲化石、鈣板藻化石外，還有哪些物質能當做古氣候的代用指標？而這些代用指標要怎麼佐證地球在變冷或變熱呢？

2.火星是距離地球較近的古老星球，具有稀薄的大氣和固體的地表狀態。藉由採集火星的資料或許能推測地球的氣候變化，進而思考地球是否終將走向火星般的命運。試問，如果到了火星，可能透過哪些資料來探究火星古氣候的狀況？

3.從 2 萬年來的氣候紀錄來看，地球進入了間冰期，除了新仙女木事件變得較冷之外，溫度大致上一直上升，對照人類活動的歷史，找一找，哪些知名的歷史事件可能與氣候變化有關？

氣候變遷與人類歷史

人類演化史上的許多重大事件，包括尼安德塔人滅絕、智人出走非洲、農耕畜牧文化的興起，甚至是中國的朝代更迭，都跟氣候變遷息息相關？

撰文／周漢強

如果氣候學家說的是真的，未來全球暖化、海平面上升的現象持續惡化，人類會不會就此無法生存，從地球上滅絕呢？但地球過去也曾面臨氣候變化，我們是不是可以從過去的紀錄，看看人類怎樣面對氣候變遷？科學家也是這樣想，所以現在有很多氣候變遷的紀錄，已經和人類的歷史連結起來。數不清的精采故事，一個個搬上舞臺！

地球的氣候從 5000 萬年前——當印度撞上歐亞大陸開始，慢慢進入寒冷的時代。最可能的原因就是，板塊的碰撞導致西藏高原迅速長高，大量被風化侵蝕下來的沉積物顆粒溶解在大海中，和溶解在大海中的二氧化碳結合，並沉澱到大海深處。隨著大氣中的二氧化碳持續溶解到海洋，降低了大氣的溫室效應，使地球進入一個比較寒冷的時期，

稱為「冰室氣候」。

當 190 萬年前現代人類遠古的近親——直立人演化出現時，地球正處於在冰河期跟間冰期之間擺盪的冰室氣候中。如果是稍微溫暖一點的間冰期，氣候可能和今天的地球差不多，原始人類能夠和其他生物一樣，很容易存活下來。但是當地球進入冰河期，由於原始人類不像其他多數動物具有可以保暖的皮毛，再加上人類孕育一胎小孩大概要將近一年，並且要照顧好幾年，小孩才能長大、自己求生，所以原始人類要在這樣的地球環境中生存，是一件很不容易的事。

寒冷大考驗！

科學家根據現今人類染色體上的遺傳基因分析，發現人類的祖先是從非洲演化出來。

繪圖：張國瑞

再根據地層中原始人類的化石分布，發現最近這幾十萬年，由於冰河期頻繁出現，原始人類可能為了求生，經常利用冰河期海平面降低，陸地之間出現可通過的低地時，離開非洲，前往世界各地。但很不幸的，這些原始人類大多抵擋不住氣候環境的劇烈變化，包括直立人、尼安德塔人和海德堡人，最後都是在氣候寒冷乾燥的冰河時期，就此從地球上消失滅絕。

幸好在這當中，人類演化史的轉捩點出現了。在距今約 19 萬 5000 年前，今天所有人類的共同祖先──智人，演化誕生在地球上，並在 8 萬 5000 年前開始的那一次冰河期，與其他原始人類一樣，跨過了變低的海平面離開非洲，前往世界各地闖蕩。

或許是老天爺存心給人類一個大考驗，也或許是我們祖先實在是運氣太差。從 8 萬

5000 年前開始的這段冰河期不僅寒冷，還在 7 萬多年前遇上印尼托巴火山大爆發，大量的火山灰阻擋了陽光的照射，導致地球歷經最冷的寒冬。

結果，世界各地除了智人以外，其他原始人類幾乎都完全消失，甚至連智人也只剩下大約一萬人左右。這可以從今天世界各地所有不同人種的遺傳基因看出來，因為現今每個人的遺傳基因都非常相似，表示我們的祖先一定是來自於很小的一群人。

很幸運的，我們的祖先最終熬過了這場最嚴苛的氣候變遷大考驗，並從 5 萬年前開始，留下了一個個智人繪製的壁畫、使用的工具，以及畜牧和農業的遺跡，人類的足印也開始踏上每一塊陸地。現代人類終於成功的活下來！

▲約 1 萬 7000 年前遺留在法國拉斯科洞窟內的壁畫。

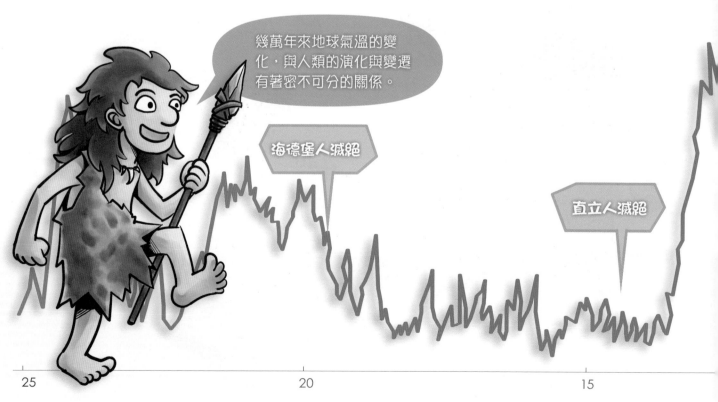

幾萬年來地球氣溫的變化，與人類的演化與變遷有著密不可分的關係。

海德堡人滅絕

直立人滅絕

25　　　　　　　　20　　　　　　　　15

冰冷的回馬槍──新仙女木事件

人類所經歷的最後一次冰河期，稱為「末次冰盛期」，大約持續到 1 萬 8000 年前左右才開始發生轉變。地球的氣溫慢慢上升、冰河覆蓋的範圍漸漸減少、海平面也開始升高。氣候變暖對人類來說當然是一件好事，根據古人類學家的估計，在 1 萬 4000 年前，地球從最冷的冰河期演變到最溫暖的年代，人口數量也從大約兩百多萬人暴增到八百多萬人。但偏偏就在這個時候，地球的氣候卻突然來了一個冰冷的回馬槍──新仙女木事件，地球變得又寒冷又乾燥！

仙女木是一種植物，生活在非常乾冷的環境，科學家曾在歐洲的三個地層裡發現仙女木的花粉化石，表示這是三個氣候非常乾冷的時期，於是把三個時期分別取名為老仙女木、中仙女木和新仙女木事件。後來根據放射性同位素定年的結果，發現老仙女木事件就是末次冰盛期，中仙女木事件只發生在歐洲某些地區，因此後來較少受到討論，而新仙女木事件，是末次冰盛期結束之後突然又發生的寒冷氣候，在北美、南美跟歐洲都有發現，可見新仙女木事件是一個全球同時變得寒冷又乾燥的大事件。

▲這種小白花就是仙女木，生活在乾冷的環境裡。它的花粉化石被視為氣候寒冷的重要證據。

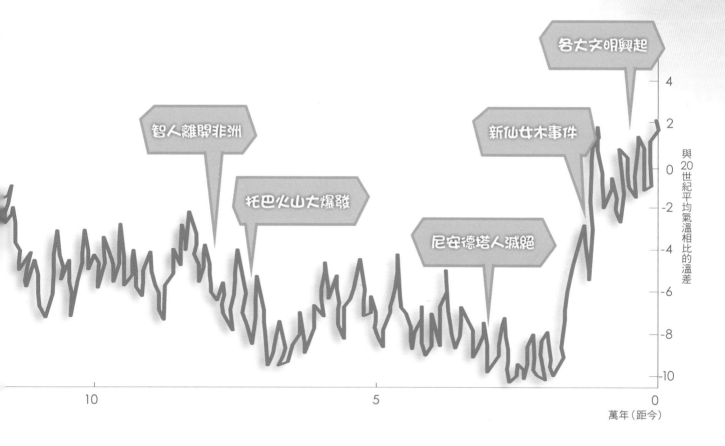

各大文明興起

智人離開非洲

托巴火山大爆發

新仙女木事件

尼安德塔人滅絕

與 20 世紀平均氣溫相比的溫差

4
2
0
-2
-4
-6
-8
-10

10

5

0

萬年（距今）

現在把鏡頭拉回到數量已經暴增的人類。當氣候變得又寒冷又乾燥，植物變少，動物也跟著變少，使得採集植物和獵捕動物都變得更加困難，偏偏人口數量卻增加了好幾倍，要怎麼養活這麼多的人呢？答案是畜牧和農耕。把動物抓起來豢養，讓牠們交配繁殖，就可以有吃不完的肉；把可吃的植物種在土地裡照顧，長大後就能提供食物，然後保留一部分種子繼續種植，這樣就不必到處採集。人類的畜牧和農耕技術，可能就是在人口爆炸卻又遇到嚴酷寒冷的氣候時，逼不得已而想出的辦法。

這些證據主要來自美索不達米亞平原上的考古遺跡，考古學家在美索不達米亞平原的北部，找到一個距今大約 1 萬多年的人類遺跡，其中聚集了很多山羊和綿羊的骨骸，可能就是人類最早開始畜牧的證據。同一時期，在美索不達米亞平原的地層中，小麥和大麥種子所占的比例突然大幅增加，雖然這

還不足以證明人類當時已經開始農耕，但至少表現出人類具有在惡劣環境之下努力求生的智慧。

新仙女木事件結束之後，地球歷經數千年相當溫暖的氣候，許多古文明也都在這個時期紛紛興起，像是 7000 多年前在兩河流域興起的美索不達米亞文明、6000 多年前興起的印度王朝，以及 5000 多年前興起的埃及王朝、南美洲祕魯古文明與中國古文明等等。但是，當這個漫長的溫暖季節在距今大約 4000 年前左右結束之後，寒冷與乾燥的氣候重新籠罩地球，人類的歷史也就漸漸走入彼此競爭的一頁。

地球偵探的新幫手

故事講到這裡，為了把最近這幾千年來的複雜案情做更多細節上的分析，我們需要一些可以記錄到短暫氣候變化的證據，像是〈地球在變冷？還是在變熱？〉中，我們提到冰層可以記錄每年的氣候變化，就是很好用的辦案工具。還有陸地上湖泊沉積物和沉積物中的各種化石，特別是各種植物的花粉化石，也都是重要的證據。

不過這些線索還不足夠，必須找到以下的證據，才能更準確的讓真相水落石出。

證據一：樹木的年輪和珊瑚骨骼的生長紋

如果用一根鑽子，從樹木的中間穿過去，抽出一根木棒，就可以從木棒上顏色深淺不一的紋路，來判斷過去的氣候紀錄。紋路的顏色如果比較淡，表示這是夏天樹木生長比

用鑽子從樹幹鑽出一根細細的木棒，從棒子上的顏色深淺可判斷年輪生長的速度，分析出過去的氣候紀錄。

較快速的時期；而比較深色的紋路，則代表冬天比較寒冷的季節。如果顏色比較淡的紋路特別寬，表示這一年的夏天特別溫暖多雨，樹木長得特別快。再搭配放射性同位素碳 14 的定年，可以推斷這樣的氣候變化發生在哪個時間。

至於生活在海中的珊瑚，骨骼生長速度也同樣受到水溫變化的影響。水溫高的時候，珊瑚生長得快，生長紋較寬；海水比較冷的時候，珊瑚的生長紋會較窄。珊瑚骨骼的成分中同樣含有可進行放射性同位素碳 14 的定年材料，所以也是重要的氣候紀錄。

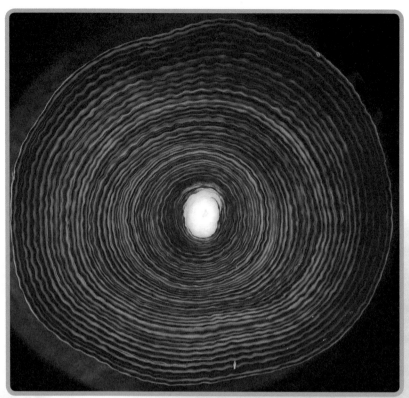

▲珊瑚的剖面有著類似樹木年輪般的生長紋，可以用來判斷海水的溫度變化。圖中的生長紋以紫外線特別處理過。

證據二：地底下的溫度

由於地表上的溫度變化會以熱傳導的方式傳遞到地底下，愈久遠以前或是愈大的溫度變化，會影響到愈深的地底下溫度。如果可以從地表向下鑽一個洞，測量地底下溫度隨深度的變化，就可以反推出地表是在多久以前、有多大的溫度變化傳遞到了地底下。

證據三：和人類相關的考古學紀錄

科學家利用人類遺留下來的工具、生活痕跡、山洞裡的壁畫、甚至是歷史的文字記載，可大致推斷出地球當時的氣候環境。像是在地球氣候寒冷的時期，人類會躲在山洞裡生活，此時就會在許多洞窟留下壁畫。當氣候變得暖和，人們改到森林裡面生活，洞窟壁畫的數量也就隨之減少。

這些證據在很多地方都可以找到，因此要得到最近這幾千年來的氣候紀錄，似乎是簡單得多。下一頁的「1 萬 2000 年來的氣候變化紀錄」顯示了過去 1 萬 2000 年來，各個不同地區、各種不同證據和研究方法所得到的氣候變化紀錄。

看看圖上這麼多讓人眼花撩亂的線條！原來地球上各個地方的氣候變化是不一樣的！沒錯，當南半球變熱時，說不定北半球正在變冷；而亞洲在變冷的同時，說不定歐洲正在變熱。

1萬2000年來的氣候變化紀錄

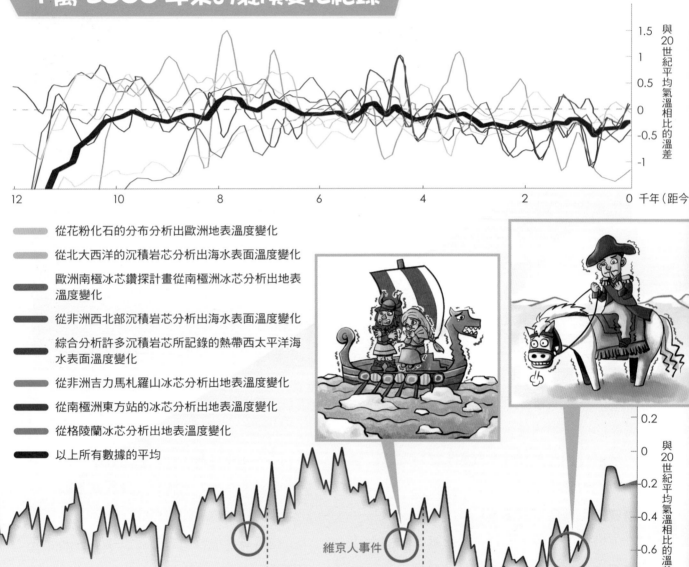

從花粉化石的分布分析出歐洲地表溫度變化

從北大西洋的沉積岩芯分析出海水表面溫度變化

歐洲南極冰芯鑽探計畫從南極洲冰芯分析出地表溫度變化

從非洲西北部沉積岩芯分析出海水表面溫度變化

綜合分析許多沉積岩芯所記錄的熱帶西太平洋海水表面溫度變化

從非洲吉力馬札羅山冰芯分析出地表溫度變化

從南極洲東方站的冰芯分析出地表溫度變化

從格陵蘭冰芯分析出地表溫度變化

以上所有數據的平均

維京人事件

唐朝滅亡

元朝滅亡

明朝滅亡

拿破崙事件

最上圖為根據各方證據得來的過去 1 萬 2000 年氣候變化紀錄，各色曲線的意義詳見圖下的標示。不同地點、不同證據得到的溫度變化曲線差異很大，代表南半球變熱時，北半球可能在變冷；而亞洲變冷時，歐洲可能在變熱。將最近 2000 年內北半球地區的資料綜合起來，可得到上方的紅色曲線圖。對比人類的歷史進程可發現，史上許多重要事件都與當時的氣候息息相關。

繪圖：張國瑞

如果對於過去幾十萬年或是幾百萬年前的地球，我們也可以找到這麼多詳細的紀錄，相信會發現地球過去的氣候同樣也是複雜又多變。這也印證了：如果以不同的時間尺度來看地球氣候，會是截然不同的景象。

都是太冷的錯！

中國朝代的更迭，常常都是因為太冷！當地球進入寒冷的氣候，通常伴隨而來的就是乾旱。一般來說，如果豐衣足食，絕對不會有人想要造反；但如果作物欠收，吃不飽穿不暖，那天下就要大亂了。

從過去 2000 年的氣候紀錄中可以看出，中國幾次重要的朝代更替，像是唐朝、元朝和明朝，原本都是歷經數百年不衰的朝代，但最後都在地球出現寒冷乾燥的氣候之後沒多久就滅亡了，顯見對於以農立國的中國來說，氣候變遷的影響是多麼重大。

維京人被困在格陵蘭，也是因為太冷！維京人在 12～13 世紀，所謂中世紀暖期的期間，移民到當時一片綠意盎然、今天卻冰天雪地的格陵蘭地區。在地球氣候還很溫暖的時候，維京人不只可以在格陵蘭放牧牛羊，還可以和歐洲進行貿易往來。可是就在西元 1300 年左右、地球氣候變冷的期間，不僅格陵蘭變成了凍土，往來歐洲與格陵蘭之間的船隻，也因為海面上浮冰增加而常常失事。最後，維京人沒能撐到地球的氣候回暖，永遠從格陵蘭的土地上消失。

法國的拿破崙在俄國吃了個大敗仗，又是因為太冷！拿破崙被稱為軍事天才，率領的軍隊幾乎戰無不勝、攻無不克。可是當他在 1812 年攻打俄國時，卻恰好遇上地球開始變冷的時候。根據歷史記載，那一年的冬天來得特別早也特別冷，士兵甚至描述，連正在飛的烏鴉都冷到從天上掉下來。最後，在 -32℃ 的嚴寒中，軍事天才拿破崙的 40 萬大軍，有 32 萬人沒能捱過那一場突然變冷的寒冬。

愈來愈多關於氣候變遷的科學證據出土之後，過去大家不甚明白的許多歷史事件，漸漸被賦予了新的解釋。在地球過去歷史中，只要變暖就象徵著欣欣向榮，只要變冷就象徵著災難和戰爭，難道這代表全球暖化應該是件好事？其實不然。

過去地球的氣候變化，都是因為大自然的擺盪與周而復始的週期變動，但現今人類面臨的全球暖化，卻主要來自人為的影響。地球上的生物能夠經歷數十億年的自然變化，一直存活到今天，但我們無法確定，地球在經歷人為的巨大影響之後，能不能回到正常的軌道。所以，我們還是應該盡可能減少人類對地球的影響，否則哪一天地球的氣候因為人類的破壞而失控，我們就真的失去生存的地方了。 ㊣

周漢強　臺中市清水高中地球科學老師，人稱「強哥」，經營部落格「新石頭城」。從高中開始熱愛地球科學，除了地科之外，他也熱愛加菲貓。

氣候變遷與人類歷史

國中地科教師　羅惠如

主題導覽

　　氣候影響著人類文明，即使智人活躍於地球的時間並不長，也曾因為氣候變冷而面臨幾乎完全消失的命運。新仙女木事件之後，各大文明興起，地球愈來愈暖，經由解析度較高的資料，如年輪，可獲得較細的氣候資料，因而得知在這個較暖的時期中，仍不斷出現氣候變遷的狀況。氣候暖可讓文明不斷擴張、繁衍；氣候冷，嚴重時可能導致種族滅絕，例如格稜蘭維京人就是很好的例子。

　　氣候更迭影響中西方文化的轉變，透過更多資料，如壁畫、歷史紀錄等，互相對照可獲知有幾個朝代的崛起與滅亡，都與氣候變化有所相關。當人們吃不飽、穿不暖，就必須靠自己獲得更多食物，甚至以武力來獲得領土。進入全球暖化的現代，氣候變遷是否影響人類的祥和、使得時代再度變更？這都是現代人類需要思考的課題。閱讀完〈氣候變遷與人類歷史〉文章後，你可以利用「挑戰閱讀王」了解自己對文章的理解程度，並檢測你對氣候變遷和人類歷史的關係是否充分認識。

關鍵字短文

　　〈氣候變遷與人類歷史〉文章中提到許多重要的字詞，試著列出幾個你認為最重要的關鍵字，並以一小段文字，將這些關鍵字全部串連起來。例如：

關鍵字：1. 年輪　2. 珊瑚骨骼生長紋　3. 歷史紀錄　4. 氣候變遷

短文：根據年輪、珊瑚骨骼生長紋、地溫、歷史紀錄，科學家互相對照，發現氣候變遷影響著人類的歷史，例如中國許多朝代的變更都與氣候變冷有關；西方則有維京人消失、拿破崙攻打俄國失敗，也受氣候變冷牽連。透過科學證據，將氣候資料與歷史資料疊合後可發現，許多推動歷史前進的手，有一隻就是來自氣候變遷！

關鍵字：1. _____　2. _____　3. _____　4. _____　5. _____

短文：_____

_____

_____

挑戰閱讀王

閱讀完〈氣候變遷與人類歷史〉後，請你一起來挑戰以下題組。

答對就能得到👍，奪得 10 個以上，閱讀王就是你！加油！

☆人類文明的出現只占地球歷史的極小部分，因此需要時間尺度較小且較詳細的氣候變化資料才能進行比對，文章中介紹年輪及珊瑚骨骼作為氣候變遷的測量工具，試著回答下列問題：

（　）1.樹木年輪的產生，是因為植物的何種構造組成？（答對可得到 1 個👍哦！）
　　　①葉肉組織　②表皮組織　③形成層　④韌皮部　⑤木質部

（　）2.年輪的顏色深淺變化，代表不同氣候狀況讓細胞生長速度不同，也反應了降雨量的變化。想一想，下列哪一種氣候狀況下，較難分辨樹木的年輪變化？（多選題，答對可得到 1 個👍哦！）
　　　①終年寒冷乾燥　②四季分明　③赤道溫暖多雨處　④乾濕季變化明顯

（　）3.珊瑚由珊瑚蟲形成，是一種刺絲胞動物，其碳酸鈣骨骼累積時，會在珊瑚上造成像年輪般的紋路，另外也可測量珊瑚中的氧同位素比例，藉此偵查溫度變化。從珊瑚生活環境條件來思考，這樣的代用指標，可能有哪些限制？（多選題，答對可得到 2 個👍哦！）
　　　①只能獲得較低緯度的氣候資料
　　　②會受其他生物啃食，使得資料中斷
　　　③水溫劇烈變化的原因可能是人類活動的影響，而非氣候造成
　　　④無法紀錄萬年尺度的長期資料

（　）4.珊瑚生長時，骨骼內的鈣鍶比值會因水溫變化有所不同，海水每上升 1℃ 會造成珊瑚骨骼鈣鍶元素比值減少 0.8％。在同樣條件下，以下哪個海溫的鈣鍶比最低？（答對可得到 1 個👍哦！）
　　　① 20℃　② 24℃　③ 28℃

☆地球自 46 億年前形成至今，歷經許多生物的出現及滅絕，從 190 萬年前直立人演化出來後，直到智人出現，這段期間的氣候仍不斷擺盪。請從生物適應的觀點，

回答下列問題：

（　　）5.以生物恆定性的方向思考，在氣候不斷變化的時代，動物體溫是否恆定會
影響存活率，試問在寒冷地區，下列哪些脊椎動物較不容易存活？（多選
題，答對可得到 2 個👍哦！）
①兩生類　②爬行類　③鳥類　④哺乳類

（　　）6.在地質年代中生代大型爬行動物盛行的時代，尤其是白堊紀，氣溫比現在
更高，支持大型爬行動物稱霸當時地球的條件，主要是外溫動物體溫調控
上有何特性？（多選題，答對可得到 1 個👍哦！）
①以細胞代謝當做主要體溫維持來源
②體溫會隨環境變化而變化，當時氣溫高，容易存活
③氣候炎熱時可利用躲藏或睡眠方式度過惡劣狀況
④以鱗片或骨板來保持體溫或散熱

（　　）7.人類為具有高智慧的內溫動物，而內溫動物雖然具備在寒冷氣候下存活的
優勢，仍須藉由許多方法來適應氣候的轉換。在人類文明轉換的過程中，
哪些歷史遺跡或事件，可能是人類為了因應氣候變化而有的行為？（多選
題，答對可得到 1 個👍哦！）
①畜牧　②遷徙　③居住於洞穴而產生壁畫
④農耕　⑤利用冰河期裸露的陸橋自非洲出走

☆冰河期與間冰期在地球歷史中已出現多次，從文章中 2000 年來的中西方歷史及
氣溫變化（第 34 頁下方曲線圖）可獲知一些訊息，試著從圖中思考下列問題：

（　　）8.圖中中國的幾個朝代滅亡,如:唐、元、明，可能與氣溫如何變化有關？（答
對可得到 1 個👍哦！）
①氣候暖化　②氣候變冷

（　　）9.要搜集近代中國及西方約 2000 年的氣候資料，需要較高的解析度，此時
需要哪些氣候資料較為準確？（多選題，答對可得到 2 個👍哦！）
①地層　②花粉化石　③冰芯　④年輪　⑤珊瑚

延伸知識

1. **古氣候多重時間尺度特性**：不同時間尺度會有不同的氣候變化，這是因為在長時間的變化下，仍有小尺度的起伏變化，因此討論古氣候時一定會考慮到時間尺度。

   下列為常見的代用指標與其反應的時間尺度：

   ①歷史紀錄：百年至千年　②樹木年輪（樹輪）：千年到萬年

   ③珊瑚：千年到萬年　④冰芯：數十萬年

2. **中世紀暖期**：為 10 到 14 世紀間在北半球一些地區的溫暖時期。根據歷史紀錄，此時歐洲豐收，很少發生飢荒，而現在冰封的格陵蘭也曾綠意盎然。

3. **小冰河期**：為 15 到 19 世紀間相對較冷的時期，比冰期短且溫暖，所以稱為小冰河期。此時天氣變化大、極端氣候發生的頻率變高，之後脫離小冰河期，氣溫逐漸上升。

4. **全球暖化**：19 世紀小冰河期後，至今全球平均溫度約上升 0.3 至 0.6℃，近代認為工業革命後的溫室氣體排放量變多，使得氣溫急遽上升。在兩極增溫快而低緯度增溫慢的狀態下，將導致大氣環流及洋流改變，進而產生劇烈的氣候變化。

延伸思考

1. 聖嬰現象是因赤道東風減弱使東太平洋湧升流減弱，因此營養鹽缺少，漁場消失或改變。查一查，聖嬰現象如何反應在氣候表現上？如果要研究古聖嬰現象，能從哪些直接測量的資料或代用指標來分析？

2. 無論哪裡的氣候發生變化，對人類和其他生物來說，遷徙到適居處似乎是最直接的反應。中世紀暖期維京人來到了格陵蘭，但同時代的中國成吉思汗正巧在殘暴征伐，回想歷史脈絡，當時成吉思汗入侵的勢力範圍，為何最後沒將整個歐洲納入囊袋之中？請利用網路或圖書資料了解當時的氣候變化，是否影響了成吉思汗後代的思想和決定？

3. 「現今間冰期」為過去 1 萬 1600 年至今的時期。地球軌道導致的海陸溫差及熱帶輻合區移動、火山噴發懸浮微粒、太陽黑子活動、溫室氣體等，都是影響這個時期氣候的主因。查一查，這些因素使得地球哪些地區受到影響？氣候的轉變又是如何？

看見斷層
車籠埔
斷層保存園區

地科課本都說地層就像千層蛋糕，
板塊擠壓還會讓蛋糕扭得亂七八糟，真的嗎？
眼見為憑，來車籠埔斷層保存園區看看就知道！

撰文／郭雅欣

大家對於地科課本上的地層剖面，一定都相當熟悉，地層就像蛋糕那樣一層一層，而斷層時的地層「錯位」，彷彿蛋糕被狠狠切了一刀般。現在有個地方能讓我們看到真實的地層斷面秀！就在南投縣竹山鎮的「車籠埔斷層保存園區」！

車籠埔斷層是 1999 年引發 921 大地震的斷層，當時釋放的巨大能量造成了地表約 100 公里的裂痕。地質學家為了研究這個斷層的過往歷史，決定把它「解剖」，從斷層處一路往下挖出一條槽溝，觀察它的結構，從中挖掘古地震的訊息。

2013 年 5 月正式開幕的車籠埔斷層保存園區，就是為了保存這個重要又寶貴的槽溝而建造，其中分為「地質科學館」與「斷層槽溝保存館」。在地質科學館中，介紹了許多與地質相關的知識，包括岩石種類、臺灣島的生成、板塊作用，還有地震與板塊構造的關係等。

斷層槽溝保存館更是這個園區的重頭戲，裡面保存著地質學家研究用的斷層槽溝，相當珍貴。一層一層的地質結構清楚可見，也能輕易觀察到斷層線以及板塊擠壓造成的褶皺，就像一本活的教科書，吸引不少國外學者來臺研究，可說是臺灣寶貴的自然資產！

連外國學者都不遠千里，為了這個特殊的地質景觀而來，生活在臺灣的我們，怎能錯過這麼寶貴的機會呢？而且，槽溝的保存並不容易，颱風、下雨、地下水都可能使槽溝隨時崩塌，雖然科博館已經為車籠埔的槽溝蓋好一個可遮風避雨的場館，然而能否長久保存下去，至今仍是地質學家面對的一大挑戰。所以還是趕緊找個時間動身，親眼看個仔細吧！

攝影：陳應欽

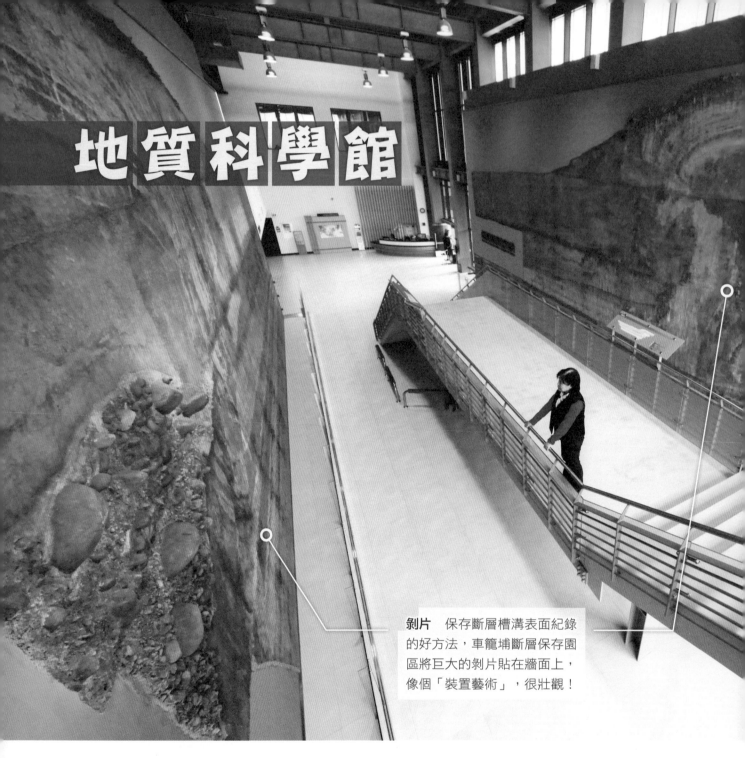

地質科學館

剝片 保存斷層槽溝表面紀錄的好方法，車籠埔斷層保存園區將巨大的剝片貼在牆面上，像個「裝置藝術」，很壯觀！

歷史鐘 把地球 46 億年的漫長歷史對比成 12 小時的長度。來看看地球歷史上發生過哪些大事！

互動區 想當個地質學家？先來虛擬遊戲裡體驗一下身為地質學家有趣又辛苦的地方。

場館內結合竹山當地文化，以大量的竹工藝品布置，別具一番風格。

　　踏進地質科學館大門，先往左邊轉個頭，大型的斷層剝片貼在兩層樓高的牆壁上，好壯觀！接著往前走，可以看見車籠埔斷層的詳細介紹，這是引發921大地震的斷層，現在成了地質學家研究的重要寶藏。牆上最吸睛的則是一具精美的地球歷史鐘，引領我們認識各式各樣關於臺灣地質、板塊、岩石等的地球科學知識，而最受歡迎的還是互動區的動態感應遊戲，人多時想搶到位子挺不容易的！

　　值得一提的是，位處竹山的車籠埔斷層保存園區，在建築上大量使用了竹山特產的竹子，隨處可見的竹子工藝品為這個園區增添了不少藝術氣息，配上柔和的暖色調燈光，讓整個展館古色古香起來，塑造出和一般科學博物館很不一樣的氛圍。

地形劇場 利用投影在地板上的臺灣衛星影像，讓你彷彿搭乘著熱氣球俯瞰臺灣，認識臺灣各地的地形。

片麻岩 穿山甲先生手上拿的這塊片麻岩已經41億歲了！幾乎跟46億歲的地球一樣老！

攝影：陳應欽

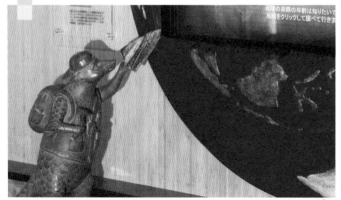

斷層槽溝保存館

　　地質科學館的長廊通往一處特別的「小巨蛋」，不過這顆蛋是個「破蛋」，因為它在外觀上有著一條明顯的裂痕。這可是建築設計時的巧思，因為這條裂痕的位置就在鼎鼎大名的車籠埔斷層線上！

　　走進這顆小巨蛋，感覺到一股寒氣逼人，原來為了保存槽溝，館方會監控槽溝的溫、溼度，一旦過於溫暖潮濕，就會開啟除濕及空調，避免黴菌產生。從槽溝的剖面上，可以看見清楚的層狀構造，左右兩側的牆面上清楚顯示層狀幾乎呈 90 度彎曲，這是地層受擠壓的結果，而擠壓的力道累積到一定程度，就會造成地層破裂，進而形成斷層，斷層線一路從牆面延伸到兩旁的館壁，和場館的蛋殼裂痕合而為一。地質學家可以從這個剖面看見很多事情，像是古地震發生的次數及頻率。

民宅牆　921 地震時崩塌的民宅一角。地震發生時，斷層的上盤抬升，使得位在斷層上盤的民宅災情比下盤的嚴重。

崩毀的一角　槽溝保存不易，已經有一角崩毀了。

褶皺　在南、北牆上都可以看到明顯的褶皺，這是地層被擠壓時產生的。

斷層崖　這是 921 地震時車籠埔斷層隆起的高度，大約 1.7 公尺。

斷層線

礫石層　在斷層上盤處兩公尺深左右的地方挖出的礫石層，斷層上下盤的礫石層高度約相差 8 公尺，意味著過去 2000 年來，此斷層總共抬升了約 8 公尺。

攝影：陳應欽

45

2002/11/16 開挖第一天：今天的工作是把地表的雜草清除。研究人員站在因斷層錯動而隆起的斷層崖上，用工具測量地形。

2002/11/17 第二天：用挖土機往下挖出了槽溝的第一階，牆面上看得出明顯的褶皺。

2002/11/18 第三天：繼續往下挖，在第二階及第三階都可以看見礫石層以及明顯的斷層線。

槽溝的挖掘故事

車籠埔斷層保存園區保存的槽溝，只是臺大地質系陳文山教授沿著車籠埔斷層所挖的二、三十個槽溝之一。身為地質研究團隊的一份子，常常得離開滿是高科技儀器又有冷氣可吹的實驗室，每天在荒郊野外把自己弄得全身髒兮兮，這就是地質學家挖掘槽溝時的工作寫照。槽溝挖掘前，得先探勘場地，確認好挖掘地點後，還得先跟地主交涉。

幾十個槽溝挖下來，遇上的地主也是百百款。陳文山教授說，有地主一聽見是做學術研究，二話不說就同意免費開挖，非常「阿莎力」；也有地主是對自己的土地有著深厚情感的農民，不管怎麼說都不同意開挖；當然，也有地主對土地補償費一再開口、索求無度，讓地質研究的工作變得格外辛苦。

圖片來源：陳文山

2002/11/19 第四天：挖到第四階，槽溝挖掘工作接近完成。研究人員已經開始採樣。每階的高度約1.7～1.8公尺，這樣的高度是為了方便工作。

2002/11/20 第五天：總共四階的槽溝挖掘完成了！工作人員正在清理槽溝表面。

另外，由於挖掘槽溝最怕遇到下雨，因此挖掘的時間通常都定在雨量較少的乾季，避開颱風季節。一般槽溝從開挖到研究完成，再到回填（把挖出來的土填回去，如果是農耕地則必須特別注意將表層土最後填回），大約需要一、兩個月的時間，竹山槽溝則是為了建造博物館而特別保留下來，在 2002 年底開挖並研究完成後，並沒有回填。

結果很不幸的，儘管竹山鄉公所為竹山槽溝搭了塑膠布棚子，卻敵不過每年颱風的一再侵襲，槽溝嚴重崩塌，不得已只好在 2005 年回填，直到 2012 年博物館蓋好後，才重新開挖，也因此現在到園區看到的槽溝，其實比當初做研究時的槽溝寬了許多。

更令人緊張的是，目前的槽溝並不能完全阻絕地下水的侵襲，容易造成牆面崩塌，若槽溝表面無法保持乾燥，還很容易長黴，要長久保存槽溝，真是一大挑戰。 🈑

作者簡介

郭雅欣　曾為《科學少年》雜誌主編。

攝影：陳應欽／圖片來源：車籠埔斷層保存園區（電磁波檢測器）

2002/11/23 採樣記錄：研究工作開始了，牆上的許多紅色標記是採樣點。

不看可惜！

車籠埔斷層保存園區除了前述的內容外，還有一些地方值得一看！

1 振秧

館外有個漂亮的竹子工藝品，形狀的設計就像地震發生時氣象局記錄到的震波一般，巧妙的結合了藝術與科學。

2 電磁波檢測器

高壓電塔一向被視為會發射高電磁波的「嫌惡設施」，但真是如此嗎？車籠埔斷層保存園區外的電塔旁特意放置了一個電磁波檢測器，歡迎大家從數據來理解事實。

3 地震預警系統

一進館的右側牆上有個方形的橘色儀器，是地震預警系統，能在主要震波傳遞到這裡之前幾秒鐘發出警報。

車籠埔斷層保存園區參觀資訊

地　　　址：南投縣竹山鎮集山路二段345 號

開放時間：週二至週日 9:00-17:00（週一休館）

票　　　價：全票 50 元，優待票 30 元

※ 更多資訊請上網參見官網公告。

看見斷層——車籠埔斷層保存園區 國中地科教師 姜紹平

主題導覽

在 1999 年的 9 月 21 日，位於南投縣的車籠埔斷層發生錯位，造成了災害慘重的 921 大地震。而錯位後的斷層因為大幅度抬升，在地表上造成了特殊的景觀。為了保存與記錄這個在臺灣歷史上最重大的地質事件，地質學家決定在地震發生的斷層上開挖，並將地層剖面加以清理保存，以便觀察與更深入的研究這個斷層。

〈看見斷層——車籠埔斷層保存園區〉帶你走入保存這個斷層的園區，一探「車籠埔斷層」——也就是 921 大地震主因的真面目，包括斷層的結構與地震造成的各種褶皺與錯位。

閱讀完文章後，可以利用「挑戰閱讀王」了解自己對文章的理解程度；「延伸知識」中另行補充，除斷層保存園區外，921 地震還為臺灣的地景留下什麼特別的變化，等著你親自踏足拜訪。

關鍵字短文

〈看見斷層——車籠埔斷層保存園區〉文章中提到許多重要的字詞，試著列出幾個你認為最重要的關鍵字，並以一小段文字，將這些關鍵字全部串連起來。例如：

關鍵字：1. 斷層　2. 地震　3. 車籠埔斷層　4. 褶皺　5. 斷層線

短文：位於南投竹山的車籠埔斷層保存園區中，保存了造成 921 大地震的主因——「車籠埔斷層」的剖面及斷層面的真實面貌。透過挖掘於斷層上的槽溝，我們可以用肉眼觀察到地震後斷層的錯位，還有因地震造成的褶皺及斷層線。透過園區中的各個展示，可學習地質學的許多相關知識，並認識臺灣地質的奇妙之處。

關鍵字：1.＿＿＿＿＿ 2.＿＿＿＿＿ 3.＿＿＿＿＿ 4.＿＿＿＿＿ 5.＿＿＿＿＿

短文：＿＿＿＿＿＿＿＿＿＿＿＿＿＿＿＿＿＿＿＿＿＿＿＿＿＿＿＿＿

＿＿＿＿＿＿＿＿＿＿＿＿＿＿＿＿＿＿＿＿＿＿＿＿＿＿＿＿＿＿＿＿＿＿＿

＿＿＿＿＿＿＿＿＿＿＿＿＿＿＿＿＿＿＿＿＿＿＿＿＿＿＿＿＿＿＿＿＿＿＿

挑戰閱讀王

閱讀完〈看見斷層——車籠埔斷層保存園區〉後，請你一起來挑戰以下題組。

答對就能得到👍，奪得 10 個以上，閱讀王就是你！加油！

☆臺灣位在歐亞板塊與菲律賓海板塊交界處，板塊運動使岩層受到推擠或拉扯，當岩層支撐不住，因此斷裂或錯動，即發生地震。依照斷層兩側岩層的錯動方向，又可分為正斷層、逆斷層與平移斷層。

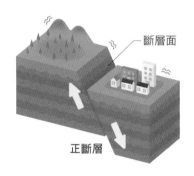

正斷層

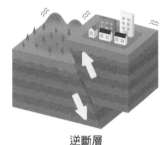

逆斷層

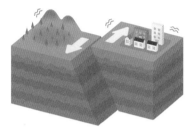

平移斷層

請試著回答下列有關車籠埔斷層的問題：

（　　）1.請問車籠埔斷層屬於哪一種斷層？（答對可得到 2 個👍哦！）

　　　　①正斷層　②逆斷層　③平移斷層

（　　）2.請問地層中的褶皺是因為什麼原因所形成的？（答對可得到 1 個👍哦！）

　　　　①擠壓　②張裂　③錯動

（　　）3.請問保存斷層的剖面後，我們不太可能從斷層中得到什麼樣的資訊？（答對可得到 2 個👍哦！）

　　　　①古地震發生的次數

　　　　②地層抬升的高度

　　　　③地震發生時的規模

（　　）4.車籠埔斷層為 921 大地震所造成，其隆起的高度約為多少？（答對可得到 1 個👍哦！）

　　　　①17m　②8m　③1.7m

☆在地質科學館中，介紹了許多地質相關知識，除了板塊運動、斷層與地震成因，也介紹了臺灣島的地質、地球上的岩石、地質年代表等等。地質學是了解地球的重要科學，請回答下列相關問題：

（　）5.岩石分成三大類，下列哪些岩石屬於火成岩？（多選題，答對可得到 2 個 👍 哦！）

　　　①花岡岩　②安山岩　③大理岩

（　）6.下列敘述哪些錯誤？（多選題，答對可得到 2 個 👍 哦！）

　　　①芮氏地震規模分級是根據地震震度大小來分級

　　　②最常見的地震原因是發生大雨

　　　③地震波在地下發生的地點稱為震央

延伸知識

1.**921 集集大地震**：1999 年發生的 921 地震是臺灣近年來損失最慘重的一次天災事件。其中災害最嚴重的區域集中在車籠埔斷層的裸露地區，並造成臺灣各地有不少大樓倒塌。這場地震也改變了臺灣人對於地震的防災概念，促使政府更積極建置地震觀測與預警系統，同時重新檢視了許多建築物的抗震能力，以確保當地震再次發生時，能將災害程度降至最低。

2.**餘震**：地震發生之後，在同一個斷層帶上經常會發生餘震。在 921 大地震發生當天，餘震就相當多，這些緊接在主震之後的餘震，更是造成 921 大地震房屋毀損比其他地震更多的主因。921 大地震主震發生後僅一個星期的時間，規模超過 6.0 的餘震就有八次，這是全世界相當罕見的案例。此次大地震後一個月內的餘震高達 1 萬次左右，其中將近 400 次為有感餘震。

延伸思考

1.臺灣位於板塊交界帶，時常會有地震發生。請查查看，臺灣歷史上發生過哪些災害嚴重的地震？而這些地震又是哪些斷層造成？

2.除了車籠埔斷層，臺灣島的各處其實都有斷層存在。請根據地址查查看，你家是否位在斷層帶上？你家附近的斷層是否發生過地震？或未來可能發生地震嗎？

3. 透過現今發達的科技，在地震發生之前的瞬間，我們的手機時常會接收到地震警報。查查看，科學家是透過什麼樣的方式偵測、甚至預測地震的發生？又如何迅速的統整資訊，將地震警報發送到大眾手機呢？

太陽系裡的小傢伙 小行星

在太陽系裡，
除了我們所熟悉的太陽和八大行星以外，
還有許多大大小小、形狀千奇百怪的小傢伙陪著我們，
它們就是——小行星。

撰文／邱淑慧

在 2013 年 2 月 15 日，有一顆巨大的流星劃過俄羅斯一個稱為車里雅賓斯克的城鎮上空，燃燒之劇烈，在白晝的天空中看起來就像是太陽掉下來一樣，在撞擊地面時還造成劇烈的震動，嚇壞了當時的目擊者。根據科學家判斷，造成這起事件的隕石，在進入大氣層之前的直徑大約有 15 公里，重約 7000 公噸，再從墜入地球的軌跡和角度來推斷，這個隕石很有可能是來自小行星。

在太陽系裡，除了我們所熟悉的太陽和八大行星以外，還有許多比行星小得多的天體繞著太陽轉，它們就是小行星。目前已發現的小行星約有 70 萬顆，其中極少數直徑可達 1000 多公里（地球直徑為 1 萬 2700 多公里），不過大部分的小行星直徑都只有幾十公尺而已。根據估計，所有小行星的質量加起來，還不到地球的 0.04%呢。也因為小行星的質量很小，引力不足以讓自己收縮成圓球狀，因此大多是不規則的形狀。

太陽系中為什麼會有這麼多小行星呢？它們都在太陽系的哪裡？為什麼會掉到地球上呢？如果有更大的小行星擊中地球，地球會毀滅嗎？

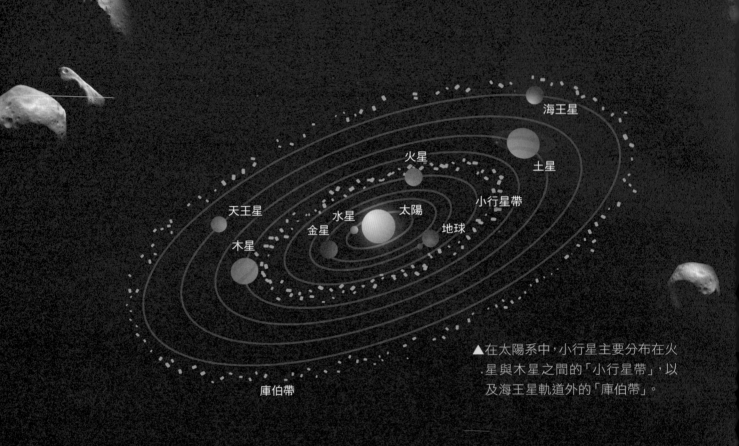

▲在太陽系中，小行星主要分布在火星與木星之間的「小行星帶」，以及海王星軌道外的「庫伯帶」。

海王星

土星

小行星帶

火星

天王星

水星

太陽

金星

地球

木星

庫伯帶

小行星在哪裡？

　　小行星是太陽星雲在形成太陽與行星之後所剩下的碎屑。為數眾多的小行星主要分布在火星和木星之間，形成寬闊的小行星帶。這裡距離太陽約 2 ～ 3.3AU（AU 為天文距離單位，地球到太陽的距離為 1AU），大約有 50 萬顆的小行星聚集在這個寬達 160 億公里、厚約 3200 萬公里的區域內，因為範圍廣大，所以雖然小行星的數量很可觀，但這個區域其實很空曠，小行星之間的平均距離大約是月球到地球距離的兩倍，因此太空船經過這個區域時，撞上小行星的機會並不大，可以直接穿越，前往太陽系更邊緣的區域。

　　也有些小行星分布在火星軌道以內，稱為近地小行星，其中有些小行星的軌道會通過地球繞太陽的軌道，也就是說，如果小行星和地球剛好同時經過交點附近，就可能發生小行星撞擊地球的事件。有些小行星軌道雖然和地球軌道並未相交，但距離地球較近，也有機會往地球撞過來。如果大型小行星撞擊地球，有可能造成地球生物的大災難。

　　不過也不需太擔心，因為大多數的小行星在通過地球大氣層時，會因為摩擦的高溫而燃燒殆盡。雖然寬度超過 1 公里的小行星有 1000 顆左右，但因為太空很遼闊，這種比較大的小行星剛好很接近地球的機率很低，而且地球的質量不像木星那麼大，比較不容易把小行星吸引過來。現在世界各國的天文學家也一直在密切注意，監控可能接近地球的小行星（見「杜林危險指數：小行星會不會撞地球？」）。

圖片來源：達志影像、NASA

杜林危險指數：
小行星會不會撞地球？

科學家根據近地天體（小行星或彗星）的撞擊能量和撞擊機率，來判斷危險性，並以「杜林危險指數」來表示。指數 0 是不具危險性，10 代表會造成全球性的大災難。目前為止，危險指數最高的曾經達到 4，但後來又降為 0。極少數小行星曾被評為 1 級，絕大多數都為 0 級，換言之，我們不必太擔心小行星撞地球的問題。

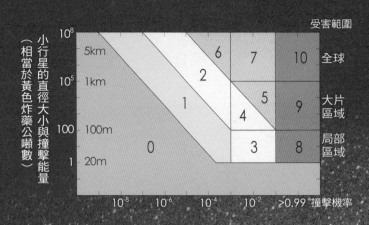

小行星的直徑大小與撞擊能量（相當於黃色炸藥公噸數）

受害範圍

全球／大片區域／局部區域

撞擊機率

除了小行星帶和近地小行星之外，還有些小行星是分布在木星軌道附近，更有些分布在海王星軌道之外的寒冷區域，稱為庫伯帶，那裡也是彗星的故鄉。

小行星的發現和研究

因為小行星很小，又不會自己發光，因此比較難以觀測。天文學家利用不同時間拍攝的照片進行比對，找出相對於恆星有在移動的物體，那可能就是小行星，但需要再進一步觀察運行軌道，才能真正確定。

另一種找尋小行星的方式是「掩星法」（見右圖），當小行星通過我們與某顆恆星之間，這顆恆星的亮光會受到小行星的遮掩而變暗，藉由計算亮度變暗的時間，我們可以

推測出這顆小行星有多大。記錄掩星現象發生的頻率，則可推估小行星的數量。

由臺灣與美國、德國、英國共同進行的「泛星計畫」，目的就是觀測整個天區，找出正在接近地球而可能危害地球的小行星與彗星。利用高解析的望遠鏡，每天晚上針對

恆星

小行星

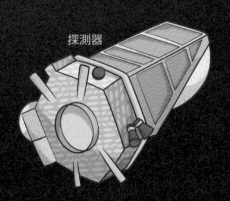

探測器

★掩星法
當小行星通過探測器與某顆恆星之間，探測器偵測到的恆星亮度會受到小行星的遮掩而變暗，我們可以利用亮度變暗的時間，推測這顆小行星的大小。

◀比對不同時間拍的照片（時序由左到右），找出相對於恆星有在移動的天體，就有機會發現小行星。左方照片中在移動的是臺灣所發現、命名為嘉義的小行星。

天空有順序的一區一區拍照，每 40 個小時可以把整個天區搜尋過一遍。利用不斷的拍照並比對不同時間的照片，能找出正在移動的天體——小行星或彗星，或是亮度會改變的天體——變星或超新星。透過這種方法，臺灣曾有高一學生成功找到一顆距離太陽約 65AU 的小行星！

科學家也利用小行星反射太陽光的情形，來推測小行星的大小。直覺上，愈大的小行星應該會反射愈多的太陽光，但是後來天文學家發現，還得將小行星表面的成分考量進去，例如石頭和金屬反射光的情況就不一樣，於是天文學家改為偵測紅外線，測量小行星吸收了多少熱能，然後將它接收到的太陽光，減掉它吸收的熱能，藉此判斷小行星的大小，如此得出的結果會比較精確。也可以直接對小行星發射無線電波，然後測量反射回來的波，分析反射波的強度等資料，以推測小行星的大小、形狀、表面成分。

除了向上仰望，其實低頭觀察也可以對小行星有多一點認識。因為墜入地球的隕石主要來自小行星帶和彗星，少數來自火星和月球。藉由分析地面上撿到的隕石，可以推測太空中小行星的成分。目前發現的隕石中，多數的主要成分是岩石和金屬，因此我們可以知道小行星主要是由岩石和金屬構成。

拜訪小行星

許多要前往類木行星（包括木星、土星、天王星、海王星）的太空任務，都曾經在飛掠過小行星時，拍下小行星的近拍照。也曾經有探測器登陸過小行星，第一個這樣做的是「會合 - 修梅克號」太空船，2001 年時它降落在一顆稱為「愛神」的小行星上，在降落過程中也拍下了小行星表面的樣貌（見右頁圖）。

2004 年出發前往探測彗星的羅賽塔號，在 2014 年 11 月成功放下菲萊號登陸彗星之前，也曾經飛掠過兩顆小行星做近距離的觀測。而且由於菲萊號在彗星上偵測到的

▶墜入地球的隕石，也攜帶著小行星的訊息。

小行星、彗星還是矮行星？

太陽系中的小天體除了小行星，還有彗星和矮行星。有一些原本屬於小行星的天體，因為體積較大且足以形成圓球狀，已經改分類為矮行星，還有一些則是列入矮行星的候選名單。

彗星和小行星的區別主要是成分，彗星的主要成分是冰雪與灰塵，在通過太陽附近時會因為冰雪揮發而有彗尾。小行星則是岩石和金屬。羅賽塔號在飛掠過編號 P/2010 A2 的彗星時，發現原本以為的彗尾，其實是兩個小行星碰撞後噴出的碎屑塵埃，所以並不是彗星。對於這些數量龐大、在太陽系跑來跑去的小東西，科學家仍在持續尋找更好的方法，來做出更精確的判斷。

◀ 體積較大且足以形成圓球狀的天體，會被分類為矮行星。

◀ 彗星的成分主要是冰雪與灰塵。

水，和地球上水的成分不太一樣，科學家初步推測，這很有可能表示地球上的水不是來自彗星，而可能來自小行星，只是還有待更進一步的研究才能確認。

小行星的未來研究

除此之外，科學家更想進一步前往小行星，直接取得小行星的成分。2014 年底，

日本發射太空船「隼鳥二號」，在 2019 年 2 月抵達編號 1999 JU3 的小行星「龍宮」，進行詳盡的調查。隼鳥二號鑽取星體表面的岩石標本，最終於 2020 年返抵地球，讓科學家可直接針對小行星的表面物質進行研究。NASA 更於 2021 年發射太空船進行改變小行星軌道的任務，計畫利用自動化設備，直接捉住距離地球較近的小行星，並移往別的地方。

有人認為，或許小行星上的物質，可以彌補地球上日漸減少或原本就缺乏的資源，但小行星真的能成為我們未來的採礦場嗎？在這長遠的夢想實現之前，還是先好好珍惜地球上的資源吧！ 科

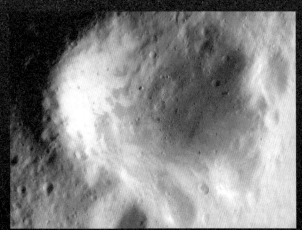

▲ 2001 年由「會合－修梅克號」拍攝到的愛神小行星的地表樣貌。

圖片來源：ESA/Rosetta/NAVCAM、NASA

作 者 簡 介

邱淑慧　中央大學天文研究所碩士，現任國立花蓮女中地球科學教師。

太陽系裡的小傢伙──小行星

國中地科教師　姜紹平

主題導覽

當我們仰望星空，時常會看見美麗的流星劃過天際；有時也會在新聞中讀到有關隕石墜落地表的報導，這些都和飄流環繞在太陽系中的小行星有關。透過觀察小行星的軌道與形狀，科學家可以追蹤小行星的動向，並判斷哪些小行星可能對地球造成潛在的威脅。同時，透過分析小行星或隕石的成分，也可以幫助我們了解太陽系與地球形成的歷史。

〈太陽系裡的小傢伙──小行星〉介紹了小行星的發現與研究，並探討地球與小行星的關係。閱讀完文章後，你可以利用「挑戰閱讀王」了解自己對文章的理解程度；「延伸知識」中增加了有關小行星的更多資訊，可以幫助你更深入的理解神祕的小行星！

關鍵字短文

〈太陽系裡的小傢伙──小行星〉文章中提到許多重要的字詞，試著列出幾個你認為最重要的關鍵字，並以一小段文字，將這些關鍵字全部串連起來。例如：

關鍵字：1. 小行星　2. 小行星帶　3. 掩星法　4. 彗星　5. 杜林危險指數

短文：透過長期對於小行星的觀測，科學家發現小行星大多集中在火星與木星之間的小行星帶之中。而藉由掩星法等不同的觀測方式，科學家長期追蹤了許多小行星，同時使用杜林危險指數替小行星對於地球的威脅程度做分類。透過研究小行星與彗星等小天體，是了解太陽系發展的好方法。

關鍵字：1.＿＿＿＿＿　2.＿＿＿＿＿　3.＿＿＿＿＿　4.＿＿＿＿＿　5.＿＿＿＿＿

短文：＿＿＿＿＿＿＿＿＿＿＿＿＿＿＿＿＿＿＿＿＿＿＿＿＿＿＿＿＿＿＿＿＿＿

＿＿＿＿＿＿＿＿＿＿＿＿＿＿＿＿＿＿＿＿＿＿＿＿＿＿＿＿＿＿＿＿＿＿＿＿＿＿

＿＿＿＿＿＿＿＿＿＿＿＿＿＿＿＿＿＿＿＿＿＿＿＿＿＿＿＿＿＿＿＿＿＿＿＿＿＿

＿＿＿＿＿＿＿＿＿＿＿＿＿＿＿＿＿＿＿＿＿＿＿＿＿＿＿＿＿＿＿＿＿＿＿＿＿＿

挑戰閱讀王

閱讀完〈太陽系裡的小傢伙──小行星〉後，請你一起來挑戰以下題組。

答對就能得到👍，奪得 10 個以上，閱讀王就是你！加油！

☆請試著回答關於小行星的基本問題：

（　　）1.請問小行星帶是在哪兩個行星之間？（多選題，答對可得到 1 個👍哦！）

　　　　①地球　②火星　③木星　④土星

（　　）2.請問小行星為何不像行星那樣容易以肉眼觀測？（答對可得 2 個👍哦！）

　　　　①因為大的行星會發光

　　　　②因為小行星不會反射任何光線

　　　　③因為小行星體積很小，能反射的光線很微弱

　　　　④因為小行星沒有固定的軌道

（　　）3.請問掩星法是透過小行星的哪一種特性來進行觀測？（答對可得到 1 個👍

　　　　哦！）

　　　　①當小行星遮蔽了太陽光

　　　　②當小行星遮蔽了其他恆星的光

　　　　③當小行星遮蔽了月光

☆請你試著回答下列對於小行星觀測與研究的問題：

（　　）4.透過小行星反射的光線，可得到小行星的何種資訊？（多選題，答對可得

　　　　到 2 個👍哦！）

　　　　①小行星的大小　②小行星的軌道

　　　　③小行星的表面組成　④小行星的質量

（　　）5.除了宇宙中的小行星，地球上的隕石也是了解小行星的重要資源，關於隕

　　　　石的說法何種正確？（答對可得 2 個👍哦！）

　　　　①隕石主要來自於月球

　　　　②隕石主要的組成為岩石或金屬

　　　　③隕石只有在南極才能找到

☆請試著回答關於小行星的其他問題：

（　　）6.請問彗星與小行星的最大差別是？（多選題，答對可得到 1 個 👍 哦！）

　　　　①對太陽公轉的軌道不同

　　　　②組成的物質不同

　　　　③體積大小不同

（　　）7.對小行星的諸多研究，能夠帶給地球上的我們哪些好處呢？（多選題，答對可得到 2 個 👍 哦！）

　　　　①可以觀測與計算是否可能有小行星撞擊到地球

　　　　②可以在小行星上建立太空站

　　　　③可以在小行星上找到生命

　　　　④可以在小行星上找到稀有貴重的元素

延伸知識

1. **小行星光譜分類**：透過分析小行星的光譜，是目前分類小行星最主要的方式。根據顏色與光譜，可得知小行星表面主要組成的物質，將它們分成碳、矽（石頭）與金屬這三大類別。

2. **冥王星與鬩神星**：由於科技進步，人們對於冥王星愈來愈了解。曾被歸類在九大行星之中的冥王星，因為軌道與質量與其他行星的不同，而被重新歸類為「矮行星」。於 2005 年發現的鬩神星，與冥王星同樣是繞著太陽公轉的小天體，雖然體積比冥王星小，但質量卻大於冥王星。這兩個天體最終都被科學家歸類在矮行星這個類別。

3. **小行星採礦**：透過發達的太空科技，要在小行星上取得資源已非不可能，且小行星上充滿了碳、磷、硫等基本元素，以及許多貴金屬與稀有金屬。在這個高科技時代，人類對於貴金屬與稀有金屬的需求愈來愈高，且由於在地球上開採與回收不易，更顯得小行星上的資源具有吸引力，而且在小行星上進行開採，對於地球環境的影響似乎也較小，但能否有所利潤，目前仍不得而知。

延伸思考

1.除了文章中提到的小行星，請查查看，還有哪些著名的小行星，它們存在於太陽系中的什麼位置，又具有什麼不同的特色呢？

2.小行星具有貴金屬與稀有金屬值得開採。請查查看，小行星上的哪些稀有元素對高科技產業十分重要，而哪些稀有元素在地球上已經開始短缺了呢？

3.臺灣對小行星的觀測不遺餘力，請查查看，有哪些小行星是由臺灣人發現，並以臺灣的地名或人名命名？

誰讓火山生氣了！⁉

滾燙的岩漿、壯觀的場面，火山爆發真是令人敬畏又好奇。
到底火山為什麼爆發？背後兇手是誰？有請地球偵探來解謎！

撰文／周漢強

地球新聞臺快訊，又有火山噴發了！天啊！這麼多火山噴發，是不是「又」要世界末日了？

別擔心，其實地球上隨時都有許多火山在「爆發」，只不過就和地震一樣，火山噴發的規模和威力有大有小，造成的災害也不一樣。火山活動就像海面上偶爾會產生颱風，都是地球上的自然現象。

所以早在幾十年前，就已經有「偵探」在四處蒐集證據，想破腦筋，希望搞清楚為什麼會有火山噴發的現象。根據前人的抽絲剝繭，最後一致認為，有個叫做「板塊運動」的現象，是惹得火山爆發最大的嫌疑犯！現在，就讓我們裝配好最新式的「鑽天遁地」探測儀器出發，來看看究竟什麼是「板塊運動」，又為什麼會有那麼恐怖的火山噴發！

大陸在移動？

你知道臺灣東南方的兩座小島——蘭嶼和綠島，正以每年八公分左右的速度朝向臺灣靠近嗎？這件事是真的！中央氣象局在全臺各地設置了全球衛星定位系統（GPS）接收站，可接收來自衛星的訊號，並且精確計算出各接收站的所在位置。根據這些接收站位置的變化記錄，可以發現蘭嶼、綠島和臺灣之間的距離正在縮短。

如果我們更進一步觀察世界各地 GPS 接收站所計算出來的位置變化，會發現地球上每個地方其實都在動來動去。科學家把地表上這些地方的移動速度跟方向畫在地圖上，

可以明顯的看出來，根據地表位置移動方向的不同，可以把地球表面分成好幾個區域，這就像一顆煮熟的蛋，蛋殼打破、裂成好幾塊，而每片蛋殼都往某一個方向移動，這就是我們所說的「板塊運動」。

大陸移動的證據

其實早在一百多年前，當人造衛星還沒出現的年代，就有一位地球偵探提出了「大陸會移動」（大陸漂移）的理論，這位偵探就是德國科學家韋格納（Alfred Lothar Wegener）。韋格納先是發現南美洲東岸

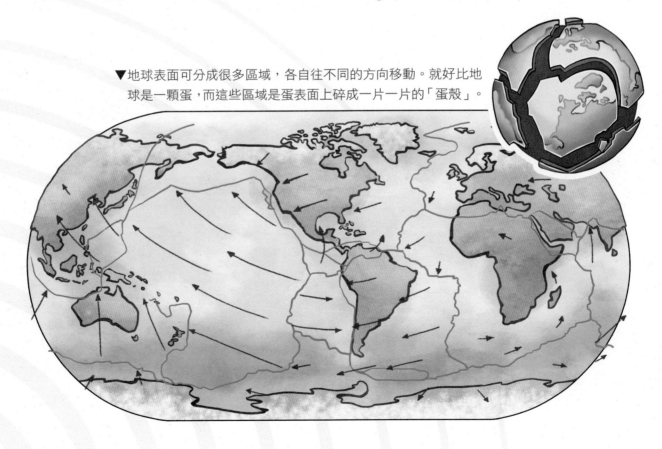

▼地球表面可分成很多區域，各自往不同的方向移動。就好比地球是一顆蛋，而這些區域是蛋表面上碎成一片一片的「蛋殼」。

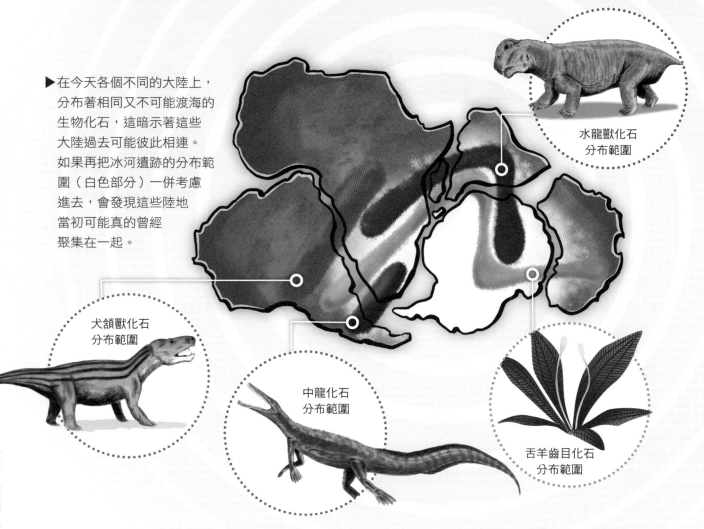

▶ 在今天各個不同的大陸上，分布著相同又不可能渡海的生物化石，這暗示著這些大陸過去可能彼此相連。如果再把冰河遺跡的分布範圍（白色部分）一併考慮進去，會發現這些陸地當初可能真的曾經聚集在一起。

水龍獸化石分布範圍

犬頜獸化石分布範圍

中龍化石分布範圍

舌羊齒目化石分布範圍

繪圖：張國瑞、黃愉儒（舌羊齒目植物）；圖片來源：Nobu Tamura（水龍獸、犬頜獸、中龍）

和非洲西岸的海岸線形狀很像，就好像是同一塊陸地被撕成兩半一樣；後來他又看見有人提到南美洲東岸的許多化石跟地層，居然和非洲西岸的一樣，這讓他更加相信「大陸會移動」的想法。於是這位地球偵探開始走遍世界各地，研究各地的化石、地層，還有古氣候環境的證據。

韋格納發現，很多今天彼此不相連的大陸，不僅具有同樣的地層結構，地層裡面還有類似的生物化石，重點是，這些化石全都是一些不會飄洋過海的生物。這個現象唯一的解釋，就是「大陸會移動」。

除此之外，這位地球偵探還把地層中象徵古代氣候的證據拿出來比對，發現有些地層雖然位在今天熱帶的陸地上，但地層裡卻存有寒帶植物的化石與冰河沉積物遺跡！表示具有這些地層的陸地，當初並不是位於現在的位置，這更加說明了大陸可能曾經移動的事實。

只可惜在韋格納的年代，研究工具還很有限，無法取得地球內部的資料，所以他認為大陸會移動，是地球自轉跟月球的潮汐力所導致。他的論點很快被物理學家駁倒，認為這些力量不可能造成大陸移動的現象。最後，因為證據不夠齊全，大陸會移動的理論不了了之，很少人相信韋格納的說法。

海底在擴張！

隨著研究工具日新月異，到了 1960 年代，一位新生代的地球科學家海斯（Harry Hammond Hess）提出了「大陸會移動」理論的續集——「大洋會擴張」（海底擴張），主要證據是地球磁場紀錄。

從 1930 年代開始，科學家發現地底岩漿噴出地表後，在冷卻的過程中，裡面的磁鐵礦會記錄下當時的地磁方向，稀奇的是，過去某些時期（例如 78～90 萬年前）的地磁方向，居然和今天的地磁方向完全相反。研究地磁的科學家辛苦的在世界各地尋找火成岩裡的磁場紀錄，建立起地磁反轉的歷史片段。結果，海斯發現有個地方記錄了完整的地磁歷史！

事情發生在 1950 年代，當時為了探測海面下敵人的潛水艇，船隻會拖著測量磁力的感應器在海上航行，結果意外得到許多正反相間的磁場紀錄，而海斯發現，這些紀錄和 1930 年代以來科學家發現的地磁反轉事件非常類似。這些正反相間的磁場紀錄都以海底的山脈——中洋脊為界，左右對稱。

最合理的解釋是，這些海底山脈會持續噴發岩漿，岩漿在冷卻過程中記錄了當時的地球磁場，並各自從山脈兩側往左右移動前進，然後新的岩漿又從山脈中央噴發出來，記錄更新的磁場方向。於是海斯依據這個想法，在 1960 年代提出了「大洋會擴張」的新理論。只不過海斯的新理論，和韋格納的理論遇到同樣的質疑，那就是地球表面為什麼會移動？

繪圖：張國瑞

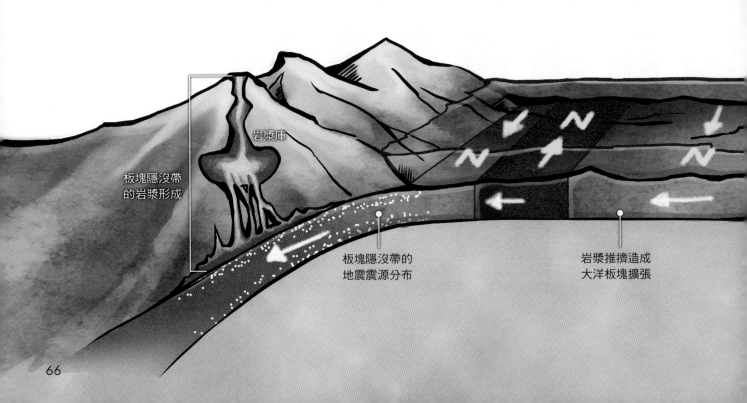

岩漿庫

板塊隱沒帶的岩漿形成

板塊隱沒帶的地震震源分布

岩漿推擠造成大洋板塊擴張

其實早在韋格納提出大陸會移動的理論之後，有很多科學家試圖解釋大陸會動的原因，其中一種說法是地球內部具有熱對流。熱對流就像是用爐火加熱一鍋開水，下方的水被加熱之後密度變小，於是從中央開始上升，到達最頂端之後往左右移動，同時開始慢慢冷卻、密度也漸漸變大。等到表層水的密度比下方水的密度大時，這些水又會下沉到底部，然後重新被加熱。海斯認為中洋脊就是那個熱對流上升的中央位置，而大洋擴張的現象就是熱對流往兩側擴張的結果。

地表會下沉？

如果中洋脊真的是這個「熱對流」上升的位置，那在熱對流下降的地方，會相對的有地表「下沉」的現象嗎？就在差不多同一個時間，另一組地球偵探——日本的和達清夫和美國的班尼奧夫（Victor Hugo Benioff），各自在研究中發現，海溝附近震源分布的位置會從地表向下延伸，而且恰好就發生在熱對流應該開始下沉的地方。和達清夫和班尼奧夫認為，可能是因為有一塊地球表面在海溝這裡向下插進地球內部，由於插下去的那一塊地球表面和周圍岩層互相擠壓破裂，因此在交界地帶發生了地震，並形成了海溝附近的震源由地表向地底下延伸分布的情形。

於是，這些一塊一塊會移動的地球表面有了「板塊」的名稱。板塊不一定位在陸地或海洋，有些陸地會連著海洋一起移動（像南大西洋的西側和南美洲陸地就屬於同一板塊），有些海洋則分屬不同板塊（像太平洋就分屬好幾個板塊）。而板塊運動背後的機制，很可能就是地球內部的熱對流。

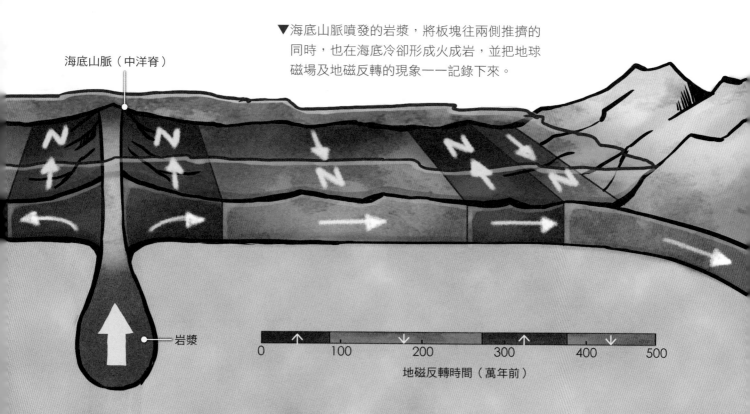

▼海底山脈噴發的岩漿，將板塊往兩側推擠的同時，也在海底冷卻形成火成岩，並把地球磁場及地磁反轉的現象一一記錄下來。

海底山脈（中洋脊）

岩漿

| 0 | 100 | 200 | 300 | 400 | 500 |

地磁反轉時間（萬年前）

地底下的熱對流

到底地球內部是怎麼熱對流的呢？地球內部可以簡單分成三層，最外層是地殼、中間是地函、最內層是地核。這三層由外向內的溫度愈來愈高，愈內層的物質密度也愈高。所以如果把地核當做高溫的爐火，那地函就像是放在爐火上加熱的一鍋水。底部的地函因為被加熱所以密度變小，並慢慢上升，到了地表附近往左右擴張，連帶把中洋脊拉開，造成岩漿形成並冒出地表，並繼續把地表往中洋脊兩側左右拉開。

這些繼續往左右擴張的地函會慢慢冷卻，密度因此慢慢變大並開始下沉，重新回到地球內部。地函下沉的地方，會在地表上形成很深的海溝，而且下沉的板塊通常會和另一側並未下沉的板塊互相擠壓，導致板塊接觸的區域頻繁的發生地震，這也就是和達清夫和班尼奧夫所發現的地震分布帶。

但不是所有的板塊都會下沉，如果地函上方背著一塊很厚但是密度很小的大陸地殼，板塊就不會隨著冷掉的地函下沉，而會被留在地表上。

總結來說，地球內部各個不同大小跟方向的熱對流，造成了地殼上跟蛋殼一樣的板塊各自移動。有些板塊會互相靠近，造成其中的板塊往下插入地函，或是彼此互擠而向上拱起。有些板塊會互相遠離，而遠離的中間就是中洋脊，於是有新的板塊形成。另外在角度剛好的狀況下，有些板塊會彼此擦身而過，既不互相靠近也不會互相遠離。板塊與板塊的交界處，通常很容易因為板塊彼此摩擦而形成地震，這些地方稱為「板塊邊界」。

麥芽糖般的地函

聰明的你或許會問：地函難道不是固態的嗎？怎麼會對流？地函是固態的沒錯，就像硬掉的麥芽糖，我們也可以把它

圖片來源：：Shutterstock ：：繪圖：：張國瑞

地核的溫度很高，就像爐火，地函則像鍋裡的水，因為受熱而產生熱對流。只不過地函並不是液體，而是非常非常黏稠的固體。

當做是固體。如果我們用最小最小的火在麥芽糖底下加熱，下方的麥芽糖會因為溫度升高使得密度變小，並且用很慢的速度往上移動，產生所謂的熱對流。這整個過程發生的期間，麥芽糖雖然有可能稍微變得軟一點，但並不是可以任意流動的「液體」。

地函則可以想像成非常非常「濃稠」的麥芽糖，當地底下的高溫讓地函的密度變小，就會在固體的狀態下發生運動而產生熱對流。這種熱對流大約可上升到地表 100 公里深附近，因為地表太冷，所以地表以下

100 公里厚的岩石很硬，沒辦法「流動」，使得熱對流在到達大約 100 公里深的地方開始往兩側分開，而移動的力量，會帶著上面這大約 100 公里厚的冷硬岩石移動，形成「板塊運動」。

正因為地函是比麥芽糖濃稠得多的固體，所以地函熱對流的速度，也就是板塊運動的速度，非常非常緩慢，慢到跟我們指甲生長的速度差不多，大約每年僅移動 2 ～ 10 公分。感覺真的很神奇，原來只要溫度夠高，並有足夠的時間，固體也是可以「對流」的。

爆發的岩漿

　　現在言歸正傳，火山噴發和板塊運動之間究竟有什麼關係呢？劇烈的火山爆發，大多發生在板塊隱沒的地方，也就是前面提到的、震源位置會從地表向地底延伸的地方。至於為什麼這裡容易發生火山爆發，則跟岩漿的成分有很大的關係。

　　先問一個問題，岩漿哪裡來？用高溫把岩石融化掉，就叫做岩漿。理論上，愈往地球內部的溫度愈高，所以地球在某個深度以下應該都是岩漿吧？答案並非如此。高溫雖然可能讓岩石熔化形成岩漿，但過大的壓力會讓岩石維持在固體狀態。愈往地球深處雖然溫度愈高，但地底下的壓力也會同時變得更大。因此在正常狀況下，地球內部幾乎無法形成岩漿。

　　但是在板塊隱沒帶，因為有承載著海洋的

地殼向下插入，連帶把「水」帶到地球內部。在有水的環境中，岩石可以在比較低的溫度就熔化，也比較容易形成岩漿。像是太平洋周圍的大部分地區，從亞洲的日本、琉球、菲律賓，到大洋洲的巴布亞紐幾內亞、紐西蘭，再到南美洲西岸的安地斯山脈，再往北邊的中美洲墨西哥、厄瓜多與瓜地馬拉，最後是北美洲的阿拉斯加，就是如此。印度洋邊緣的印尼和地中海周圍的義大利等地，也都屬於這一類的岩漿成因。

累積岩漿，一次爆發

　　岩石其實由很多種不同礦物，也就是不同的化學物質組成。當岩石開始熔化，會從最容易熔化的礦物開始，等溫度漸漸升高，比較難熔化的礦物才會熔化。岩石中先熔化的礦物，都是一些會讓岩漿比較黏稠、比較不容易流動的成分。所以像板塊隱沒帶這種溫度比較低的地方，形成的岩漿會比較黏稠，不容易流動。

　　這些岩漿大多形成於地底下數十到一百公里的深處，當岩石熔化形成岩漿的時候，由於密度比較小，會開始慢慢往地表的方向移動，但前進到接近地表的地方時，岩漿會冷卻凝固，所以並不會直接流出地表，而是聚集在距離地表數公里深的地方，形成所謂的「岩漿庫」。

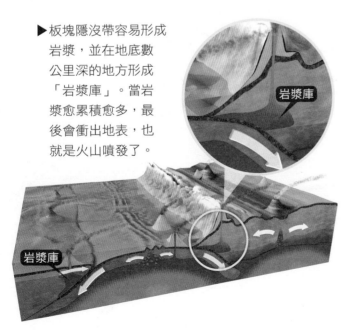

▶板塊隱沒帶容易形成岩漿，並在地底數公里深的地方形成「岩漿庫」。當岩漿愈累積愈多，最後會衝出地表，也就是火山噴發了。

岩漿庫

岩漿庫

圖片來源：Shutterstock、USGS

美國西岸華盛頓州的聖海倫火山在 1980 年 5 月 18 日發生重大爆發,之後數月之間至少又發生五起。圖為 7 月 22 日發生的一系列爆發一景,規模龐大,火山灰直衝十幾公里的高空。

當地底下有愈來愈多的岩漿慢慢生成、聚集,岩漿庫裡的氣體也會累積得愈來愈多,壓力愈來愈大。當岩漿上方的岩層抵擋不住巨大的壓力時,整個岩層就會被掀開,巨大的壓力瞬間往四面八方擴張,岩漿也因此炸碎成粉末噴上天空,形成壯觀的火山灰雲,或形成一些大顆粒的火山礫和火山彈掉落地面,這就是爆炸式的火山噴發。美國西岸聖海倫火山 1980 年發生的大爆發,造成嚴重損傷,就是典型的爆炸式火山噴發。

寧靜的火山爆發

夏威夷是全球知名熱
點，火山為典型的寧
靜式噴發，可見岩漿
自地表溢流而出。圖
為基拉韋厄火山。

▲ 2010 年噴發的冰島艾雅法拉火山，雖然噴出了大量的火山灰，看起來跟爆炸式很像，但其實比較偏向寧靜式火山爆發。

除了板塊隱沒帶以外，還有一些地方也會產生岩漿，像是地球內部特別熱的地方，就可能形成岩漿向地表湧出。這是因為地球內部物質的分布並不是完全均勻，使得溫度的分布有所不同。我們稱特別熱的地方為「熱點」，目前全世界最著名的熱點，就在夏威夷，這裡的溫度比較高，岩石熔化生成了岩漿，幾乎常年都有岩漿湧出到地表附近。

另一個容易形成岩漿的地點，是前面提過的中洋脊。中洋脊所在的位置是地球內部相對較熱的地方，但這個地方不僅僅比較熱，還會因為地函的熱對流，導致地殼被扯開。一旦上面的岩石被扯開，中洋脊下方岩石受到的壓力會大幅減輕，換句話說，中洋脊這個地方兼具了溫度高和壓力小的條件，自然會有更多岩漿形成。只不過中洋脊位在海底深處、大約 3000 公尺深的地方，一般很難見到或察覺這裡有岩漿正在湧出。

流向地表的岩漿

相較於板塊隱沒帶濃稠的岩漿，在熱點和中洋脊地區的岩漿溫度比較高、流動性也比較高，所以當岩漿往地表移動時，比較容易直接流出地表，並在地表上流動一陣子，並不會馬上冷卻凝固。這類岩漿的噴發通常不會伴

隨劇烈的爆炸，因此稱為「寧靜式的噴發」。

雖然說根據岩漿的性質不同，可以把火山噴發的形式做簡單的分類。但地球上每個地方的岩石特性不同、溫度結構不同、板塊運動也不同，所以火山噴發的形式不是那麼簡單就可以一分為二。像冰島的火山大都是類似夏威夷火山的寧靜式噴發，但 2010 年發生的火山噴發，儘管不像爆炸式噴發的威力那麼猛烈，噴發出來的大量火山灰還是讓整個歐洲空中交通大亂，顯然冰島的岩漿特性並不像二分法那麼單純。若要細分地球上所有火山的噴發方式，每一座火山或多或少都還是有著不同的「個性」呢！

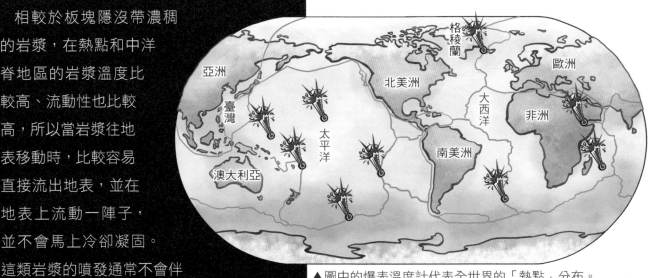

▲圖中的爆表溫度計代表全世界的「熱點」分布。

亞洲
臺灣
澳大利亞
太平洋
北美洲
南美洲
格陵蘭
歐洲
大西洋
非洲

火山噴發可以預測嗎？

火山噴發的新聞大多讓人覺得好可怕，有沒有方法能事先預測火山噴發的時間，好提前做準備呢？凡是說到「預測」，一定不是簡單的工作，不過還是有些壓箱寶可展示給大家看看，至少讓我們在火山噴發之前能有所警覺。

全球衛星定位系統（GPS）可精密的監測地形變化。在火山地區的地面上設置固定式的 GPS 接收裝置，能夠長時間監測地表的地形變化。如果地表的高度有明顯隆起，表示地底下可能有岩漿形成，因為岩漿密度較小，形成時體積變大，導致地表抬升。

除了 GPS，目前還有其他衛星與航空的監測方式，也都可精密監測地表的變形。

地震活動可用來監測地底下的岩漿活動。在爆炸式噴發的火山地區，由於岩漿中含較多氣體成分，若是岩漿體積增大，氣體的含量就會愈來愈多。當一個個的氣泡向地表移動，有可能破裂並引發小規模的地震。因此，在爆發式火山即將大規模噴發之前，火山底部通常會發生許多小規模的地震，代表地底下的岩漿活動漸漸活躍了起來。

火山氣體可用來觀察岩漿活動。當岩漿活動變得活躍時，火山氣體會同時產生，有部分火山氣體容易溶解到地下水中，導致地下水的成分或酸鹼度發生變化。因此科學家會定期測量火山地區地下水或溫泉水的成分和特性，用來監測地底下的岩漿活動。也有科

GPS 衛星

GPS 監測地形
以 GPS 長期監測地形，如果發現地表隆起，可能是由於地底岩漿活動而導致。

GPS 接收器

火山氣體監測
氣體成分的變化可能含有地底岩漿活動的線索。

◄ 2014 年 9 月，日本御嶽山發生火山爆發，由於事前毫無預警，山上有許多賞楓的遊客，結果造成數十名遊客傷亡，這是第二次世界大戰以來，日本發生傷亡最嚴重的一次火山爆發。事實上，御嶽山自 2008 年起就受到日本氣象廳的監測，但這次爆發前卻沒有發布任何警戒，主要原因在於這次火山爆發的起因並不是岩漿活動，而是原本被凝固的火山物質封蓋著的地下水，被地底的岩漿加熱「煮沸」變成水蒸氣，形成巨大的壓力，結果把上方的火山物質給炸開了！

地下水

岩漿

學家是直接採集地表所釋放的氣體，觀察氣體成分是否改變。

除了這些方法之外，還有地底溫度計、地球磁場與重力監測、震測地層分析等等，都是監測火山活動的重要工具。只不過，這些工具終究只能告訴我們目前火山噴發的可能性，很難直接預測火山何時會噴發。因為地層的組成和結構實在太過複雜，又無法精確的監測地底下的狀態，所以很難隨時掌握岩漿的狀態。

地震偵測
岩漿裡的氣泡向地表移動時可能破裂並引發小規模地震。如果這類地震頻繁，代表地底下的岩漿活動正逐漸活躍。

也有意外的時候……

即使有種種監測火山的工具，意外仍可能發生。像 2014 年 9 月 27 日日本御嶽山的噴發，事前就沒有任何徵兆，原因並不是監測工作沒做好，而是因為大多數的監測工作都是針對岩漿的活動。但日本御嶽山的噴發卻可能不是因為岩漿活動，而是由於大量的地下水被岩漿加熱「煮沸」，變成大量水蒸氣，才把火山頂部給炸飛，形成了這次噴發（見上圖）。所以事前不僅火山氣體觀測沒有出現異狀，甚至火山噴發前兩天的地震活動還特別「安靜」。

由此可知，火山噴發背後的原因雖然有跡有尋，可是大自然的各種變化千奇百怪、數不勝數，要真正能夠做到預測，還有很多研究工作要做！

圖片來源：達志影像；繪圖：張國瑞

世界的火山

火山噴發的現象和地震、颱風一樣，總在地球的各個角落發生。例如夏威夷群島東南方的基拉韋厄火山，最近一次噴發從 1983 年開始湧出岩漿，雖然歷經幾次噴發地點的改變，但已經持續噴發超過 30 年，最近還因為岩漿湧出量太過驚人，逼得島上居民不得不先搬家「避避風頭」。基拉韋厄火山可說是目前地球上最活躍、也最長壽的火山。

但真正讓人覺得恐怖、震撼的，是爆炸式火山，最典型的代表是印尼在 1883 年爆發的喀拉喀托火山，這次爆發號稱人類歷史上最大規模，火山灰噴發到距離地表大約 80 公里高的空中，造成大約 30 公尺高的海嘯，噴發時巨大的聲響連 4800 公里外的澳洲都可以聽到，估計爆發威力相當於 1 萬 3000 顆廣島原子彈爆炸，導致將近 12 萬人喪生。

爆炸過後，原本直徑達十多公里的喀拉喀托火山島，被炸到幾乎完全不見蹤影，威力相當驚人。

至於全世界最有名的火山，莫過於義大利的維蘇威火山了。維蘇威火山的名氣來自西元 79 年的那場大爆發。爆發當時，火山灰雲直衝到 33 公里的高處，伴隨著落到地面的火山灰和大小石塊（火山彈），噴發量估計最高達到每秒鐘 150 萬公噸，甚至還有高達 250℃ 的熾熱焚風橫掃周邊地區。結果導致將近 1 萬 6000 人喪生，其中包括位在維蘇威火山東南邊的龐貝城。城裡的人當時全被埋在兩層樓高的火山灰下，屍體被細菌分解之後，在硬掉的火山灰裡留下人形的空洞，據說還有人們當時驚恐的表情被保存下來，真實見證了火山爆發的恐怖威力。

圖片來源：達志影像：繪圖：黃榆儒

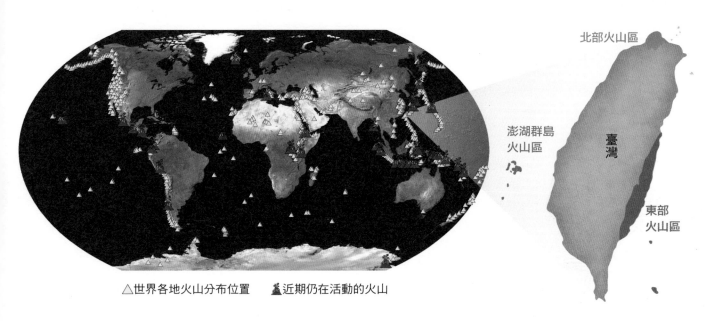

△世界各地火山分布位置　🌋近期仍在活動的火山

北部火山區

澎湖群島火山區

臺灣

東部火山區

◀夏威夷群島東南角的基拉韋厄火山（左上圖）是目前全世界最活躍的火山。

◀從維蘇威火山灰中挖掘而出的龐貝城（左下圖），位於義大利。

▲印尼喀拉喀托火山（上圖）在 1883 年曾有過人類史上最大的爆發。

臺灣也有火山！

生在臺灣的我們雖然不曾經歷過火山爆發，但臺灣其實是有火山的。臺灣過去曾經是火山的地區包括：北部的大屯山火山群、基隆山火山群、觀音山、龜山島；東部的海岸山脈、蘭嶼、綠島；以及西部外海的澎湖群島等等。距今最近一次的噴發發生在 7000 年前的龜山島，目前龜山島周圍的鄰近海域，還有明顯的海底熱泉活動，顯示未來還是有火山噴發的可能。

另外，臺北市中心邊緣的陽明山地區屬於大屯火山群的範圍。根據放射性同位素定年結果顯示，大屯火山群上一次爆發大約是在 20 萬年前，但至今仍然持續有地熱活動及火山氣體噴發，並沒有完全死寂，所以中央氣象局和陽明山國家公園管理處持續嚴密監控這裡的地底活動，說不定有朝一日，臺灣北部可能再發生火山爆發的現象。

其實火山就像地震、颱風一樣，是地球的自然現象。雖然現在因為火山地區附近常有人跡，噴發時恐怕會導致很多人傷亡，也因此大多數人都對火山感到恐懼。但大自然中的火山爆發景色其實相當壯觀又美麗，從地底噴發而出的火山灰也能為土地帶來養分。希望藉由對火山的認識，我們能夠不再感到恐懼，而是對火山保有一分敬畏和欣賞，感受大自然的威力與壯闊。

作者簡介
- -

周漢強　臺中市清水高中地球科學老師，人稱「強哥」，經營部落格「新石頭城」。從高中開始熱愛地球科學，除了地科之外，他也熱愛加菲貓。

誰讓火山生氣了!?

國中地科教師　羅惠如

主題導覽

　　全球火山分布的位置，讓我們更了解地球內部的構造。歷經韋格納的大陸漂移、海斯的海底擴張等研究，直至今日的板塊構造學說，讓我們逐漸理解，地球表面好比 3D 立體拼圖般，是由一片片固體外殼所拼起，而由於地球內部地函物質的流動，這一片片外殼正持續互相分離或聚合。

　　在板塊交界處，例如板塊隱沒帶、中洋脊等，因溫度及壓力適當，使得岩石熔化、以岩漿形式存在。這些熔化的岩漿聚積在地底的岩漿庫中，待適當時機——可能是壓力大到地表無法承受，或是地函熱對流往上運動，最終使得岩漿衝出地表噴出或流出，造成火山爆發或噴發。

　　閱讀完〈誰讓火山生氣了!?〉文章後，可以利用「挑戰閱讀王」了解自己對文章的理解程度，並檢測你對地球板塊構造是否有充分的認識。

關鍵字短文

　　〈誰讓火山生氣了!?〉文章中提到許多重要的字詞，試著列出幾個你認為最重要的關鍵字，並以一小段文字，將這些關鍵字全部串連起來。例如：

關鍵字：1. 大陸漂移　2. 海底擴張　3. 板塊運動　4. 地函熱對流　5. 火山

短文：韋格納觀察大陸形狀提出大陸漂移，海斯經由海底火成岩的地磁紀錄等提出海底擴張，現今經由更多研究，獲知地球的固態外殼應該是由板塊組成，經由地函熱對流的促動而形成板塊運動，而板塊運動正是造山運動、火山、海溝等出現的原因。再深入了解會發現，板塊隱沒時將部分的水帶入地底，使岩石熔化時不會因為壓力大而變成固態，並形成岩漿累積在岩漿庫中，待適當的時機釋出地表。岩漿因岩石中的礦物不同而有不同的特性，可能使火山以爆炸或較安靜的形式噴發。面對火山噴發的威脅，能否透過監測來預防災害，值得我們思考及研究。

關鍵字：1.＿＿＿＿＿　2.＿＿＿＿＿　3.＿＿＿＿＿　4.＿＿＿＿＿　5.＿＿＿＿＿

短文：＿＿＿＿＿＿＿＿＿＿＿＿＿＿＿＿＿＿＿＿＿＿＿＿＿＿＿＿＿＿＿＿＿＿＿＿

挑戰閱讀王

閱讀完〈誰讓火山生氣了！？〉後，請你一起來挑戰以下題組。

答對就能得到👍，奪得 10 個以上，閱讀王就是你！加油！

☆韋格納透過地圖的形狀，推測大陸可以像拼圖一樣拼在一起，並透過科學證據，
　提出大陸漂移學說。經由文章的介紹，試著回答下列問題：

（　　）1.哪些證據支持韋格納的大陸漂移學說？（多選題，答對可得到 1 個👍哦！）

　　　　①大洋兩側的大陸海岸線形狀相似

　　　　②大洋兩岸的化石及地層構造相似且具連續性

　　　　③無法飄洋過海的生物，卻在不相連的大陸發現化石，並呈連續帶狀分布

　　　　④寒帶植物化石出現在今天的熱帶陸地

　　　　⑤觀察到海底有連綿的火山，例如中洋脊

（　　）2.想一想，哪些生物的特徵，可明確指出許久以前陸塊可能是相連的，而後
　　　　才分開？（多選題，答對可得到 2 個👍哦！）

　　　　①無法游泳的動物化石，出現在不相連的大陸上

　　　　②在較淺的海溝中，發現陸生生物的化石

　　　　③非以花粉、種子繁殖的蕨類植物化石分布在不相連的大陸上

　　　　④在高山上發現珊瑚的化石

（　　）3.整個地球就像是由許多拼圖拼起來，韋格納觀察到形狀相似的大陸海岸線，
　　　　是否就是今日所指的板塊邊界？為什麼？（答對可得到 2 個👍哦！）

　　　　①是，每一個陸地就是一個板塊，每一個海洋也是一個板塊

　　　　②是，根據化石證據可知，本來的陸塊更大，這個大陸塊裂開了，因此大
　　　　　陸邊界就是板塊邊界

　　　　③否，經由地震資料，板塊上可能有陸地也有海洋，因此大陸形狀不一定
　　　　　是板塊邊界

　　　　④否，地表有風化、侵蝕等力量，要考量大陸邊緣的狀況，板塊邊界可能
　　　　　靠陸地一點或遠離陸地一點

☆韋格納提出大陸漂移，但因為無法解釋造成大陸漂移的動力而無法使大家信服。

　　其後，海斯根據海底地球磁場的紀錄，認為大洋在擴張，並提出海底擴張學說。

　　就海底擴張的證據及可能動力，回答下列問題：

（　　）4.要探測地球磁場的紀錄，可從岩石中的磁性礦物來獲知，試問哪一種岩石

　　　　較可能獲得這樣的紀錄？（答對可得到 1 個👍哦！）

　　　　①沉積岩　②火成岩　③變質岩

（　　）5.中洋脊海底火山噴出的岩漿冷卻時，存在岩石中的磁鐵礦會記錄當下的地

　　　　球磁場。就文章中的敘述，中洋脊有岩漿冒出，山脈兩側往左右移動前進，

　　　　所記錄的磁場變化較可能為下列哪個圖示？（N 為磁北極方向）（答對可

　　　　得到 1 個👍哦！）

（　　）6.呈上題，經由放射性定年法可得知海底岩石地磁紀錄的年代，想一想，這

　　　　些岩石的年代遠近，較可能的分布為何者？（答對可得到 1 個👍哦！）

①	近 ⟵————— 遠	中洋脊	近 —————⟶ 遠
②	遠 ⟵————— 近	中洋脊	遠 —————⟶ 近
③	遠 ⟵————— 近	中洋脊	近 —————⟶ 遠
④	近 ⟵————— 遠	中洋脊	遠 —————⟶ 近

☆岩漿與火山爆發有密切的關係，當地底岩漿生成聚集，岩漿庫的氣體累積到壓力

　　太大時就可能噴發；另外，在地函軟流圈熱對流上升處，岩漿會往地表移動，並

　　可能流到地表。請根據文章及科學常識推測以下問題的答案：

（　　）7.經由科學推論或觀察，哪些地方較容易形成岩漿？（多選題，答對可得到1個👍哦！）

　①中洋脊　②熱點　③高山　④板塊隱沒帶　⑤太陽直射處

（　　）8.火山觀測資料眾多，例如火山活動時的火山氣體溶於水，使溫泉水中的物質反應出火山變化，科學家可利用這樣的原理來監測火山活動。試問常見的火山氣體二氧化硫，可使溫泉水呈現何種酸鹼值？（答對可得到1個👍哦！）

　①酸性　②中性　③鹼性

（　　）9.空氣汙染的來源很多，火山噴發的氣體及懸浮微粒也是來源之一，大型火山爆發噴出的物質（如二氧化碳、二氧化硫、火山灰等）會因大氣環流漫布於對流層，甚至是平流層，除了帶來航空上的危險，短期間會對氣候及天氣造成的影響為何？（多選題，答對可得到2個👍哦！）

　①短時間內全球平均溫度會下降

　②造成大量的酸雨

　③使溫室效應更為強烈

　④產生霾害

延伸知識

1.**地球內部構造**：科學家利用地震波的波速來推測地球內部構造，由外至內分別為地殼、地函、地核，其中在地表以下約100至250公里處為上部地函，其溫度及壓力使固體的地球岩石呈現些許流動性，稱為軟流圈。藉由軟流圈的熱對流運動，可使板塊相互運動，可能是聚合也可能是張裂。

2.**太平洋火環帶**：在太平洋四周與陸地交界處，有極為活躍的火山活動，是因為板塊運動而造成的活火山。這些火山分布成馬蹄形的環狀，將太平洋圍住，因此稱為太平洋火環帶（Ring of Fire）。火山的成因是板塊運動，因此太平洋火環帶常發生地震，而且通常非常強烈。

3.**活火山、死火山與休火山**：火山因板塊運動而在地底有岩漿庫形成，但這些岩漿不一定會噴發。曾經噴發過的火山，岩漿庫的岩漿可能已釋出，或長期觀察無明

顯火山活動的，稱為死火山。火山活動不活躍而暫時沒有噴發危險的，為休火山。最為活躍的、有岩漿流出、氣體噴出量多的，則為活火山。

延伸思考

1. 在文章中至少介紹了兩種板塊交界的可能狀況，一種是海洋地殼隱沒到大陸地殼的下方而形成海溝，另一種則是中洋脊，利用 GOOGLE 地圖功能，找一找，板塊交界處還可能有哪些地貌？以下為常見的板塊運動狀況，可將例子寫進去。

	聚合性板塊交界	張裂性板塊交界	錯動性板塊交界
地貌的表現	海溝、 （　　　　　）	中洋脊、 （　　　　　）	
地點			

2. 臺灣位於歐亞板塊及菲律賓海板塊的交界處，請查詢書籍或網路資料，研究以下的問題：

   ①這兩個板塊交界在臺灣的何處？

   ②綠島位於菲律賓海板塊，經由 GPS 的定位，每年向臺灣島移動多少距離？算一算，預估幾年後綠島可能與臺灣島相遇？

3. 臺灣位於太平洋火環帶上，但沒有明顯的火山活動，目前為止比較活躍的為大屯火山群。試著上網查詢「大屯火山觀測站」，從四個面向認識火山的觀測：地震觀測、火山氣體分析、地殼變形及地溫監測。再根據網路及書籍上的相關資料，推論大屯火山群為活火山、死火山或休火山？如果將來會噴發，根據岩漿的物質，將會是爆發式或寧靜式的火山噴發呢？

解答

辦案辦進地球裡
1.④　2.①②③　3.②　4.③　5.②　6.②　7.①②③　8.①②③

地球在變冷？還是在變熱？
1.③　2.①②　3.①　4.②　5.②　6.②③④　7.②　8.①　9.①③　10.①　11.②　12.④

氣候變遷與人類的歷史
1.⑤　2.①③　3.①③④　4.③　5.①②　6.②③　7.①②③④⑤　8.②　9.②④⑤

看見斷層——車籠埔斷層保存園區
1.②　2.①　3.③　4.③　5.①②　6.①②③

太陽系裡的小傢伙——小行星
1.②③　2.③　3.②　4.①③　5.②　6.①②　7.①④

誰讓火山生氣了！？
1.①②③④　2.①③　3.③　4.②　5.④　6.③　7.①②④　8.①　9.①②④

科學少年學習誌
科學閱讀素養◆地科篇 6

編著／科學少年編輯部
封面設計暨美術編輯／趙璦
責任編輯／科學少年編輯部、姚芳慈（特約）
特約行銷企劃／張家綺
科學少年總編輯／陳雅茜

封面圖源／Shutterstock

發行人／王榮文
出版發行／遠流出版事業股份有限公司
地址／臺北市中山北路一段 11 號 13 樓
電話／02-2571-0297　傳真／02-2571-0197
郵撥／0189456-1
遠流博識網／www.ylib.com　電子信箱／ylib@ylib.com
ISBN／978-957-32-9766-6
2022 年 10 月 1 日初版
定價‧新臺幣 200 元

國家圖書館出版品預行編目

科學少年學習誌：科學閱讀素養. 地科篇/科學
少年編輯部編著. -- 初版. -- 臺北市：遠流出版
事業股份有限公司, 2022.10-
　　面；21×28公分 .
ISBN 978-957-32-9766-6(第6冊：平裝). --
1.科學 2.青少年讀物
308　　　　　　　　　　111014164

★本書為《科學閱讀素養地科篇：地球在變冷？還是在變熱？》更新改版，部分內容重複。